国家自然科学基金资助项目(51408535)
中央高校基本科研业务费专项资金资助(2015QNA4026)

城市公共开放空间规划

Urban Public Open Space Planning

蔚 芳 著

科 学 出 版 社
北 京

内 容 简 介

开放空间规划是保障城市开放空间基本品质的重要依据。在对开放空间相关概念、价值及类型等进行分析的基础上,本书对以北美为主的国际城市开放空间规划发展历程、编制体系、规划控制、规划标准、供给模式及规划方法等进行系统分析。在对我国案例城市开放空间格局现状及演变进行实证分析的基础上,借鉴国际经验,提出在我国构建开放空间规划控制体系及公平公正的开放空间规划体系等相关建议。

本书可供城市规划、城市地理、人文地理、景观生态等相关专业方向的科研人员、高等院校师生阅读、参考。

图书在版编目(CIP)数据

城市公共开放空间规划/蔚芳著.—北京:科学出版社,2016.8

　ISBN 978 - 7 - 03 - 049939 - 4

　Ⅰ.①城…　Ⅱ.①蔚…　Ⅲ.①城市空间−空间规划−研究　Ⅳ.①TU984.11

中国版本图书馆 CIP 数据核字(2016)第 222188 号

责任编辑:许　健
责任印制:谭宏宇 / 封面设计:殷　靓

科 学 出 版 社 出版

北京东黄城根北街 16 号
邮政编码:100717
http://www.sciencep.com

南京展望文化发展有限公司排版

广东虎彩云印刷有限公司印刷
科学出版社发行　各地新华书店经销

*

2016 年 8 月第 一 版　开本:787×1092　1/16
2025 年 1 月第三次印刷　印张:17 1/2
字数:280 000

定价:**79.00 元**
(如有印装质量问题,我社负责调换)

序 一

Open space matters. It provides ideal spaces for public recreation, outdoor activities, residents' socialization, and it also plays an important role in an urban environment and biodiversity. By facilitating socialization and creating a sense of community, parks and open spaces improve the quality of life of urban dwellers. Although open space greatly contributes to the overall quality of life, it undeservedly remains marginalized in the post-socialist discourse. Chinese cities are confronted with both the pressure of population growth and the challenges of limited resources for parks and open spaces. Allocating urban parks and open spaces efficiently and equally has been recognized as an important environmental justice issue in Chinese cities.

This book fills an important gap in our understanding of the implications of rapid urbanization in China. The experience of Western urbanization and industrialization underlined the importance of accessibility to public open space; it can play a key role not only in terms of recreation and amenity but also in terms of environmental quality, public health and social behavior.

Rapid and uncontrolled urbanization requires an effective and equitable planning framework – one that includes public open space planning and regulation in conjunction with land use planning, transportation planning, and environmental regulation. An important first step in this context is the type of analysis provided in this book, which provides theoretical and empirical framework from which to propose an open space planning and control system in China.

Paul Knox

（美）保罗·诺克斯

University Distinguished Professor　Virginia Tech

美国弗吉尼亚理工大学 杰出教授

序 二

城镇化乃人类社会发展进步之必由之路。随工业化、现代化、信息化的推进，人口持续涌入城市，城市公共空间的过密集聚与过度开发致城市品质压力骤增。城市公共空间于整个城市的人与人的社会和谐、人与自然的环境和谐、也于城市的历史遗产与未来创新的和谐发展至关重要。今日本书立题，不仅为专业探索，亦为百姓心系。

各国 50％的城镇化范式展示，发达国家城市公共空间的历史文化和社会传统都曾在现代化中洗礼，而后重生。而城市公共空间的这种历史性洗礼与创新文明的诞生，需要最广泛的文化基因的收集：可以是本土的、地方的、世俗的、宗族的，也可以是外来的、世界的、人性普世的、引领全球的。洗礼不是历史的简单重复，新生亦非外来的简单拷贝。城市公共空间的历史洗礼可能是痛苦的，而城市创新文明诞生期许的是城市公共空间的温床。各国 50％城镇化的痛苦历史告诉我们，规划师对城市公共开放空间的失守和守护，为职业的苦难与快乐，这种苦乐决定了规划师的时代特征。规划师以使城市生活更加美好作为己任，城市公共开放空间则为城市生活品质之要。

我国城市公共开放空间规划亟待系统开拓。蔚芳博士已从事多项城市公共空间规划领域的课题研究与实践工作，积累了较为丰富的理论与实践经验。

多年旅居美、加两国的生活经历也使其研究不仅是停留在理论层面的探索，更多的是基于其切身体会与直观感受，从居住者的视角对开放空间进行探求。作者透过平实的语言表述深层的人性理解与感悟，关注市民健康与弱势群体，把握了开放空间规划的精髓。看到众多学者呕心沥血进一步研究我们赖以生存发展的生活空间、探索科学合理完善的规划方略，这是社会发展之基础、人类生存之福音。

本书对照我国的实例系统探索分析北美等国的先进理念与方法。本书创新性地提出构建城市公共开放空间规划控制体系等建议，对我国城市规划体系的完善具有重要的理论与现实意义。本书语言表述规范、写作风格持重、结构清晰明确，所提及的国际城市各种法规政策和技术标准等可引发我国相关人员继续深入研究与思考，对于城市规划、人文地理等诸多方面的教学、科研与实际应用均有裨益。

吴志强

于同济大学

前　言

随着新型城镇化以人为本目标的确立,城市规划的重点也由经济发展向社会发展与提高居民生活质量转变。因此城市政府和规划师的主要职责之一就是通过提供有效的公共产品以实现"城市,让生活更美好"的诉求。作为具有地域意义和赋有社会功能的公共领域类型,开放空间如同城市功能网络结构的关节和枢纽,承载着社会交往、体育锻炼、文化交流、休闲游憩等多种城市功能,是政府可以有效提供的公共物品之一。

开放空间在生态环境保护与居民户外游憩娱乐方面都起着举足轻重的作用。没有开放空间的城市是可以存在的,但拥有开放空间的城市会为居民提供更加舒适的生活、工作及休闲娱乐环境。传统媒体、互联网等的出现在很大程度上改变了人们的生活方式,但这些并不能也不应该取代公共开放空间;相反,它让人们对面对面的交流有更多的期待。

随着城市化进程的加快、生活方式的改变及物质文化生活水平的提高,人们更加珍视开放空间的存在,也对开放空间提出了更高要求。然而,受各种因素的制约,目前有些城市的开放空间仍存在总量不足、配置不均、布局欠妥、利用率不高等问题,无法满足日益增长的居民需求。开放空间供给与需求之间矛盾的主要原因之一是开放空间规划控制的缺位、标准的缺乏及管理的缺失。与仍处于起步阶段的我国开放空间规划相比,国际上尤其是北美发达国家已形成较为完善的开放空间规划控制体系。其经验的总结与分析对我国开放空间规划体系建构具有重要的借鉴意义。

　　本书主要包括如下几方面内容：理论与实践部分对研究意义、相关概念、开放空间价值及类型以及国内外研究现状等进行分析；国际经验部分对以北美为主的、以游憩为主要目标的国际城市开放空间规划发展历程、编制体系、规划控制、规划标准、供给模式及规划方法等进行系统分析；国内实证部分以杭州市为例，对开放空间规划布局、可达性及公平性等问题进行实证分析；经验借鉴部分在借鉴国际开放空间规划经验的基础上，提出结合我国国情及地方特色，建立多层次协调的开放空间政策法规框架，确立功能并举的规划控制目标及标准，构建系统的规划编制体系，完善开放空间公共财政与管理等建议；在此基础上构建公平公正的开放空间系统。

　　由于知识和经验有限，本书难免存在不足及值得商榷之处。另外，我国开放空间规划仍处于探索和起步阶段，许多新的问题及相关领域有待进一步深入研究与探讨。本书只是起到抛砖引玉的作用，还有待学者和相关人员进一步思考及在实践中进行不断地总结与完善。

蔚　芳

于丽都河畔

目　录

第1章

绪 论

1.1 研究背景

作为政府可提供的最有效的公共产品之一,城市开放空间是居民休闲娱乐、健康生活、社会交往及城市品质提升的重要来源。从古老的美索不达米亚苏美尔王古地亚(Gudea)时期的公园与开放空间到古罗马的城市与乡村花园,从 19 世纪英国霍华德(Howard)的田园城市到纽约奥姆斯特德(Olmsted)的中央公园,人类从未停止对对人地和谐的开放空间的追求。

然而由于土地的有限性,城市化过程中城市人口激增对现有开放空间造成巨大压力(Wilkinson,1983)。根据我国 1953 年、1964 年、1982 年、1990年、2000 年和 2010 年的六次人口普查,城市化率依次为 12.84%、17.58%、20.43%、25.84%、35.39% 和 49.68%。截至 2011 年,已经首次超过 50%,达到 51.27%。2014 年中国城镇化率达到 54.77%。1980~2009 年,我国城市人口增长 4.31 亿,超过美国的人口。

城市化对环境造成巨大压力,导致景观模式及生态系统发生根本性变化(Li et al.,2010),人口分布不均也对开放空间和游憩资源的供给造成重要的影响。虽然我国许多城市的开放空间得到了有效的保护及开发利用,但对经济利益的片面追求忽视了环境和社会效益,往往将开放空间作为其他规划的附属或补充,没有给予足够的重视。由此暴露出一些问题,如开放空间总量不足、分布不均或品质欠佳,社会文化与生态保护功能较为薄弱,系统性、联系性不强,影响了其休闲娱乐功能的有效发挥;开放空间日渐私有化和商业化,导致"公共文化的终结"等。

另外,随着计划经济向市场经济的转变,居住地由被动接受转变为主动选择,导致日益显著的社会分异;加之开放空间也成为居民居住地选择的重要影响因素之一,其结果必然导致社区分异视域下开放空间分布的不公平性。众多城市公园与开放空间规划建设滞后于房地产开发,日益凸显的社区分层和需求分化使原本在质和量上就欠缺的开放空间越来越无法适应居民不断增长的需求。这些问题都将在一定程度上影响开放空间环境品质的提升和居民生活质量的提高。

城市规划如何适应当今城市发展需要,从关注开发建设向人的需求转变,从注重实体设计向空间规划转变,就需要从规划控制体系的角度进行思索。然而就开放空间控制而言,我国目前尚未形成系统完善的规划控制体系,相关规划标准的界定还模棱两可,开放空间规划控制的方法及管理模式也有待深入研究。由于开放空间规划的缺位及管理的缺乏,在快速城市化背景下如何满足居民对开放空间日益增长的需求,在以人为本规划目标下如何科学合理地进行开放空间的规划控制与管理,在社区分异视域下如何实现开放空间配置的公平与效率等问题尚未引起高度重视。虽然我国香港已具备较为完善的开放空间区划控制体系,深圳和杭州等城市也陆续进行了开放空间规划的尝试,但总体而言,我国开放空间规划仍处于起步与探索阶段。国际上尤其是北美发达国家已形成较为完善的开放空间规划控制体系,其经验的总结与分析对我国开放空间规划体系建构具有重要的借鉴意义;我国城市开放空间现状的研究也为制定和完善开放空间规划控制体系提供了现实依据。

1.2 研究内容

开放空间规划涉及系统的理论和科学的方法。随着对开放空间数量和质量需求的日益增加,使用何种规划方法以提高开放空间规划效能,满足开放空间保护及公众游憩需求,从而达到提高城市生活品质的目的是目前亟待解决的问题之一。鉴于目前我国开放空间规划等方面的理论与实践的相对缺乏,本书对以北美为主的国际城市开放空间规划与控制体系进行系统分析,在借鉴其经验的基础上,提出构建我国开放空间规划控制体系等建议,具体包括如下四方面的内容(图1-1)。

1.2.1 理论与实践

对国内外城市开放空间的相关概念、开放空间价值及类型划分进行总结,并对国内外相关研究现状进行综述;总结其开放空间规划理论与实践经验,为我国开放空间规划体系研究与建构提供基础。

1.2.2 国际经验

基于使用者需求兼顾规划供给的、以游憩为主要目标的开放空间规划,本

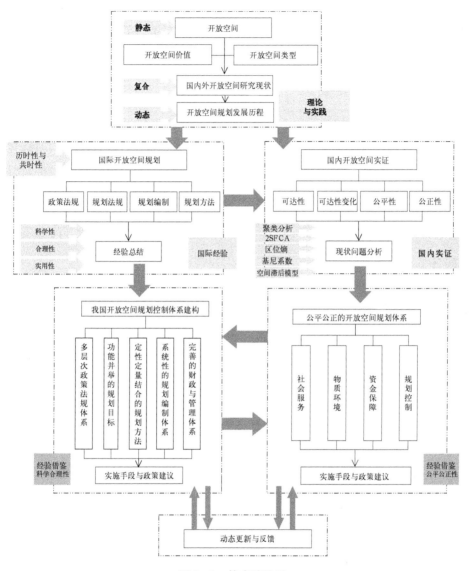

图 1-1 技术路线图

研究对以北美为主的开放空间规划历程、政策法规、编制体系、规划标准、供给模式及规划方法等进行系统分析。

1.2.3 国内实证

以杭州市为例,对我国开放空间规划格局、可达性及开放空间是否及在何

5

种程度上达到空间公平与社会公平问题进行探讨,有助于政府与规划师了解目前开放空间规划现状,从而为公平有效地进行城市开放空间规划供给,构建适合我国国情的开放空间规划控制体系提供现实依据。

1.2.4 经验借鉴

在借鉴国际开放空间规划经验并对我国规划现状进行理性思考的基础上,基于人本主义的发展观和价值取向,提出应结合我国国情及地方特色,建立多层次协调的开放空间政策法规框架,确立功能并举的规划控制目标及标准,构建系统的规划编制体系,完善开放空间公共财政与管理;并对建立公平公正的开放空间系统等提出相关建议。

1.3 概念界定

本书将城市开放空间界定为城市边界范围内非建筑用地空间,包括公园、各类绿地、河湖水体等自然空间,及其他可提供运动和户外活动的、未被建筑物覆盖的陆地与水域等开放空间。城市边界之外的保护区或郊外的空地、农业用地、郊野等并不作为城市开放空间考虑(图1-2)。另外,本书主要研究城市开放空间中的公共部分,不涉及非公共开放空间。为便于讨论,本书中一般采用开放空间的表述,用于指代城市公共开放空间的提法。

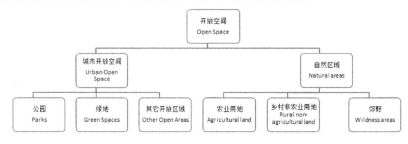

图1-2 开放空间概念界定

案例城市开放空间规划以不同形式出现,规划内容也存在一定差异,但开放空间保护与游憩需求两方面的内容多相互渗透。以保护为主要目标的规划多采用开放空间保护规划的表述;以满足居民游憩需求为主要目标的规划多采用开放空间规划、公园规划、游憩规划、公园与开放空间规划或游憩与开放空间规划等表述方式。鉴于这些规划之间的紧密联系,同时为便于讨论,在本书中统一使用开放空间规划的表述,以指代不同名称和类型的开放空间规划。

本书分析的重点是使用者需求结合规划供给的、以满足居民游憩需求为主要目标的开放空间规划。而专门针对自然资源保护的开放空间保护规划,及虽以游憩为主要目标但重点在设施配置等的规划并非本研究的重点。

1.4 研究意义

在快速城市化背景下探索国际开放空间规划控制理论与实现方法,在社区分异视域下分析我国城市开放空间可达性与公平性等问题,并在此基础上提出构建我国开放空间规划控制体系及公平公正的开放空间系统具有重要的理论和现实意义。

1.4.1 理论意义

(1)构建开放空间规划控制体系

作为社会交往的空间载体,开放空间在提高生态环境质量、改善居民生活品质、促进邻里交往和地域特色形成、提升城市品质等方面起着至关重要的作用。然而,目前我国法规和规范中少有提及开放空间的概念,现行规划编制体系也没有明确提出与开放空间专项规划相关的内容与标准。无论是总体规划中与绿地或生态等相关的章节,还是全市或某一行政区范围的专项规划,分散于各章节中的相关内容无法保证开放空间规划建设的整体性和系统性。对开放空间规划理论和方法等系统性研究的缺乏,导致在制定城市规划和社区发展政策时理论依据的不足和由此导致的政策的无效性;对开放空间公平性等问题探讨的缺乏也导致开放空间的环境公平与社会公平等问题。因此,对开放空间规划进行系统性的研究对完善现有开放空间规划理论与方法、构建我国开放空间规划控制体系具有重要的意义。

(2)完善开放空间规划控制标准

尽管国家或地方标准和规范涉及开放空间的某些要素,但多是建立在用地分类基础上对公园、绿地或广场人均指标等提出要求。个别城市也探索性地制定了开放空间规划,但其定量标准多局限于可达性及覆盖范围等指标,并没有形成相对完善的开放空间控制体系与控制标准,更多是从城市设计角度对开放空间提出相应要求。此外,对于开放空间仍然关注其作为物质空间实体的内容而忽略其背后的社会经济和文化意义。传统的配置标准和方法也仅仅停留在对个别物质空间指标的规定上,导致开放空间远远不能满足日益多样化人群的需要。因此,对开放空间规划标准选取及制定的探讨为科学合理地制定城市开放空间规划和社区发展政策提供了重要的依据。

1.4.2 现实意义

合理制定开放空间规划与政策对提高开放空间品质、消除空间不平等及构建和谐人居环境具有迫切的现实意义。

(1)提升开放空间品质

对生活质量的关注和追求是当代社会发展的终极目标,开放空间关乎市民生活品质,是 21 世纪全球性城市更新对策和城市空间发展战略的重要一环。然而开放空间总体数量不足与质量欠佳,加之多种社区形态并存,导致市民对高品质开放空间满意度差强人意。城市品质生活需要通过开放空间品质为市民所感知,增加市民幸福感。针对目前开放空间同城市发展及居民需求极不相称的矛盾,城市开放空间规划理论与实践的探讨和改造策略的制定也是对社会阶层城市生活空间的普适性改善。

(2)提高城市规划效能

人本主义思想和可持续发展规划理念反映了城市与社区发展中的原则问题。但就人本主义思想下的开放空间建构而言,目前缺乏清晰的理论和具体可行的操作模式。因此,如何将相关理论具体化,变为可操作性的模式或指导可操作性的技术手段与方法,是城市规划适应城市化挑战,提高开放空间运行的时空效率,进而提高开放空间的规划效能的重要手段。

(3)兼顾社会公平与效率

开放空间规划是解决社区问题乃至城市问题的有效途径之一,然而多种社区形态并存对开放空间提出特殊挑战。基于人本主义思想和城市生活品质提升的观念,在社区分化过程中如何实现公共开放空间配置的公平与效率是目前城市和社区建设的当务之急。社区分异和演变背景下不同类型人群的需求表现为开放空间的可获得性和资源享有的平等性。因此,开放空间规划的核心就是公正价值的介入,保证不同人群之间高度的对话和交流,同时保留对各自文化和价值体系的尊重与满足。实现这一目标要从不同社区及不同人群日常生活空间行为角度出发,应将物质空间环境同"形而上"的社会意义相结合。对开放空间规划理论及方法的探讨成为构建人本主义城市空间的基础课题,也是解决城市阶层化生活空间的区位冲突、空间隔离等相关社会问题的理论工具。

第2章

开 放 空 间

城市开放空间在保护生态环境与自然资源、促进游憩娱乐与户外运动、保障居民生理与心理健康、促进社会交往与文化融合等方面起到重要的作用,进而对改善居住环境、提升城市品质、促进地域特色的形成等起到积极的作用。本章将对开放空间相关概念,开放空间的社会、经济和环境价值,以及开放空间类型等进行分析总结。

2.1 概念解析

2.1.1 开放空间

开放空间一词可能最早来源于 1833 年英国公共步行委员会(Selected Committee on Public Walks):"……过去半个世纪,大城市人口有了巨大的增长,但并没有提供相应的公共步行和开放空间……"1877 年,英国伦敦《大都市开放空间法》(*Metropolitan Open Space Act*)的颁布标志着现代意义开放空间的产生。在城市规划领域,开放空间(open space)并不是一个非常直接的土地利用概念,其定义涉及开放空间的形态或功能等方面。开放空间多被定义为"未被覆盖的"或"室外"的空间,这些定义更多从形态而非功能方面进行界定(Wilkinson,1983)。1906 年修编的开放空间法第二十条将开放空间定义如下:任何围合或是不围合的用地,其上没有建筑物,或者不超过 1/20 的用地被建筑物覆盖,其余用地作为公园和娱乐场所,或是废弃不用的区域(Turner,1992)。Clawson(1969)将开放空间定义为城市内或与城市毗邻,未被建筑物或其他永久性建筑物覆盖的所有地域(包括土地或水域)。澳大利亚规划院(The Planning Institute of Australia,2009)将开放空间描述为"为正式和非正式的运动和休闲、自然环境保护、绿色空间供给或城市雨水管理等目的预留的用地"。中国学者卢济威将开放空间定义为城市公共外部空间,包括自然风景、广场、道路、公共绿地和休憩空间等。张京祥等(2004)认为开放空间是允许公众进入,具有一定公共设施、一定规模自然生态基底或人文内涵、富有景观特色的地段或地区。

学界对开放空间的界定非常广泛,开放空间这些丰富的含义使得它成为城市中的一个异质成分(Tang et al.,2008)。一般而言,开放空间指没有被永久建筑占用的向天空开放的任何地块,包括城市公园绿地、广场、步道、游乐场、其他无顶覆盖的城市用地,风景区、保护区,农业和森林用地,也包括水体如湖泊和海湾。涉及空间形态及功能等方面,开放空间具有非常广泛的特征,可以包括公园和游乐场,无顶覆盖的城市用地和未开发的自然景观、乡村地带、建筑物之间的邻里空间,以及公众可进入的城市空间,如广场、公园、街道和步行道等。《纽约州开放空间保护规划草案》(New York State Open Space Conservation Plan,2014)将开放空间定义为尚未集中被开发为居住、商业、工业与机构用途的土地,可以公共或私人拥有,包括农业和森林用地、未开发的沿海和河口地区、未开发的风景区、公园和保护区,也包括水体如湖泊和海湾等。2014 年《迈阿密准则》(Miami 21 Code)将开放空间界定为没有被永久建筑占用的向天空开放的任何陆域或水域,包括公园、绿地、广场、乡间、花园、儿童游乐场、步行道或景观区域等。现代意义的开放空间通常指城市边界范围内非建筑用地空间,主体是绿地系统,一般包括山林农田、河湖水体、各种绿地等自然空间,以及城市广场、道路、庭院等自然与非自然空间(邵大伟等,2011)。

涉及用途方面,开放空间可用于自然资源保护、资源生产、户外游憩、公共健康和安全等。按照加利福尼亚州规划指引分类,开放空间包括:① 用于自然资源保护的开放空间,如河流、港湾、动植物栖息地等;② 用于资源生产的开放空间,如森林、农用地、矿藏,主要用于渔业的河流等;③ 用于户外游憩的开放空间,如具有良好景观、历史和文化价值的区域,适合公园与游憩目的的特定区域,以及联系主要游憩和开放空间区域等;④ 用于公共健康和安全的开放空间,如应急避难场所、滑坡、地震断裂带、泄洪区、消防通道等。按照土地保护用途,Hollis 和 Fulton(2002)将开放空间分为生产(production)、人类使用(human use)、高质量的自然区域(high-value natural areas)及自然系统(natural systems)四方面。

开放空间规划通常涉及开放空间的保护与游憩娱乐两方面内容,所以在开放空间规划中对开放空间的定义也略有区别。其定义可以娱乐休闲为目的,也可以自然资源保护等为目的。例如,新南威尔士开放空间规划将开放空间定义为公共拥有可以容纳娱乐设施并提供休闲娱乐活动空间的土地(New South Wales Government,2010)。Payne(2002)的定义兼顾休闲娱乐与自然资源保护的目的,认为开放空间是传统公园、保护区、步道、自行车廊道及其他提供非正式娱乐和自然资源保护的区域。

有些学者认为开放空间的定义除了兼顾功能、形态,也应包含其他多种要素。例如,Lynch(1963)将开放空间定义为任何人可以在其间自由活动或观察城市中人的活动的室外空间。亚历山大则从人类感知的角度将开放空间定义为任何使人感到舒适、具有自然的屏蔽,并可以看往更广阔的地方。Wilkinson(1983)将开放空间定义为一个不分等级,公共或私人所有,覆盖或部分覆盖,且提供身体、心理、视觉可达和情感满足等机会的区域。

在各级政府和规划部门,开放空间有不同的定义。例如,在有些规划研究中,开放空间不仅包括户外运动设施、公园和花园、市政绿地和儿童游乐区域,而且包括自然和半自然的城市绿地、墓地、绿色走廊和市政空间等;这些用地不仅局限于陆地,也包括可以提供运动和户外活动及视觉舒适性的水域(North Ireland,2004)。

从地域上讲,城市开放空间一般特指位于城市范围内的开放空间。Maruani 等(2007)将开放空间分为城市开放空间(urban open space)、农业用地(agricultural land)、乡村非农业用地(rural non-agricultural land)、自然区域(natural areas)与郊野(wildness areas)等类型。按照 Gold(1973)的定义,城市开放空间指位于城市范围内未被建筑物覆盖的所有陆地与水域。

开放空间定义广泛,有些侧重于形态和功能,有些专注于土地类型,有些则将重点放在开放空间是如何使用和被感知等诸多方面。

2.1.2 相关概念

开放空间(open space)与绿色空间(green space)、公共空间(public space)、公共开放空间(public open space)及绿色基础设施(green infrastructure)等是紧密联系但又具有一定差异性的空间概念。

(1)绿色空间

城市绿色空间(green space)是城市开放空间系统的重要组成部分,指城市范围内全部或部分被草地、树木、灌木或其他植被覆盖的用地。纽约州立大学(2010)将绿色空间定义为"任何由植被覆盖的土地,通常指公园、高尔夫球场、运动场和建成区范围内的其他开放用地,无论公众是否可以进入"。绿色空间强调开放空间的自然环境特性,具有重要的生态、景观、文化、娱乐等价值。其类型、规模、功能及区位不一。其类型包括从儿童游乐场、社区花园、城市公园、林地、自然保护区、绿道,到州或国家保护区不等(Dai,2011)。在《绿色空间，美好场所》研究项目中，英国交通、地方政府与区域部(DTLR)，将绿色空间分为公园与花园、少儿游憩场地、住宅附属绿地、户外体育场地、小区公园、绿色廊道等8种类型。国内学者多认为绿色空间是城市山脉、农田、河流水域、公园绿地等植物构成的城市空间。

公园绿地是城市绿色空间的重要组成部分。我国《城市绿地分类标准》(CJJ/T 85—2002)和《城市用地分类与规划建设用地标准》(GB 50137—2011)中将公园绿地(G1)定义为向公众开放，以游憩为主要功能，兼具生态、美化、防灾等作用的绿地。公园绿地包括综合公园、社区公园、专类公园、带状公园、街旁绿地等。《城市绿地设计规范》(GB 50420—2007)将城市绿地定义为以植被为主要存在形态，用于改善城市生态、保护环境、为居民提供游憩场地和绿化美化城市的一种城市用地。城市绿地包括公园绿地、生产绿地、防护绿地、附属绿地、其他绿地五大类。由于公园的独特属性，很多地区的规划将公园从开放空间或绿色空间中独立出来，作为一种特殊的开放空间形式进行定义或规划。

(2) 公共空间

公共空间(public space)多指人工因素占主导的，对公众可达并全天候开放的空间。相比街道、广场、公园、林荫道这些具体特定的物质空间类型，公共空间的表述更加抽象与概括，并有可能适用于所有的这些类型(Nadal，2000)。Madanipour(1996)将公共空间定义为允许所有人可达，并有机会获得其内的活动，由公共机构控制，并按照公共利益提供和管理的空间；将公共空间的关键特性总结为私有的对立面(the opposite of private)、向公众开放(open to all people)、日常使用(everyday use)、物理和视觉可达(physical and visual access)及用于人类接触与交往的场所(a place for human contact and interaction)。

(3) 公共开放空间

开放空间可以指公共的或私人的用地，因此开放空间的概念要大于同时包含"公共开放空间"(public open space)的概念。但在实际中两者经常同等的使用，开放空间有时用来特指公共开放空间。从公共物品的角度来看，城市公共开放空间是由公共权力创建并保持的、供所有市民使用和享受的场所和空间，兼具公共空间与开放空间的特性，是城市中既为公众开放又有一定开敞性的开放空间。

（4）绿色基础设施

一段时间以来，欧洲学者和规划师一直在研究联系的开放空间网络的城市景观规划和实施。这项工作倡导将开放空间作为城市的重要基础设施，称为绿色基础设施（greenstrucutre），应与其他城市基础设施一样受到同等的重视。绿色基础设施旨在控制城市蔓延及自然区域的锐减，同时强调自然环境在城市土地利用规划决策中的重要性。这一方法传到北美，并影响了北美的开放空间规划理念。在欧洲，这一方法称为绿色结构（greenstructure），在北美则称为绿色基础设施（green infrastructure，GI）（Erickson，2006）。

美国 GI 工作小组将绿色基础设施定义为"人类自然生活的支撑系统，一个由水系、湿地、林地、野生动物栖息地及其他自然区域如公园、绿道和其他类型保护地、农场、牧场和森林、未利用地及其他开放空间等构成的紧密联系的网络，可以支持地域物种、保持自然生态过程、保持空气和水资源的清洁，有益于美国社区及人民的健康和生活质量"。作为城市生态系统有机组成部分的绿色基础设施指自然或修复的生态空间所形成的绿色网络。绿色基础设施不同于传统的开放空间规划之处在于其是相互联系的绿色空间网络，并将生态作为其他多重目标的基础，由各种开敞空间和自然区域组成，包括绿道、湿地、雨水花园、林地等。该系统有助于城市暴雨管理、减少洪水危害、改善水质与生态环境及节约城市管理成本。

典型的绿色基础设施指在城市内、城市周边或城市之间整合自然、半自然以及具有多功能生态系统的人工网络在内的网络体系（Ignatieva et al.，2011）。最近美国《西雅图绿色空间计划》（Open Space Seattle 2100 Project，2006）就是旨在设计整合与联系的绿色基础设施。许多发展中国家也正在寻求创建绿色基础设施的有效途径，以解决地方生态及文化历史等问题。

2.1.3 开放空间规划

开放空间规划是结合生态环境保护与居民游憩活动需求，从区域到地方的多目标、多层次的系统工程。开放空间保护的目的不仅是对自然和景观环境保护，组织敏感地区开发，也包括通过户外娱乐活动提升城市与居民生活质量等。由于开放空间存在不同用途，开放空间规划内容也存在一定差异。开放空间规划通常出于两方面目的：① 开放空间的保存及保护，通过环境调查，满足保护自然环境与生态的需要；② 户外游憩娱乐与运动需求的满足，通过

17

居民调查,满足居民的休息、交往、锻炼、娱乐、旅游等游憩需求。

制定公园、游憩与开放空间规划是规划部门、环保部门或游憩机构的职责。通常这几方面的内容分别表现为不同类型的规划,如以保护为主要目标的开放空间保护规划(open space conservation plan),或以游憩为主要目标的公园规划(park plan)、游憩规划(recreation plan)、开放空间规划(open space plan)、绿道规划(greenways plan)及开放空间联系规划(open space connectivity plan)等。

尽管侧重点不同,但开放空间保护与游憩娱乐需求两方面的内容相互渗透。一般开放空间保护规划会包含户外游憩规划的内容,如纽约《地方开放空间规划指南》(Local Open Space Planning Guide)提出开放空间保护的目的不仅仅是对自然和景观环境的保护、组织敏感地区的开发,也包括通过户外娱乐活动提升社区质量等目的。在有些地区,户外游憩规划也包括部分开放空间保护的内容,如加拿大卡尔加里《城市公园总体规划》(Urban Park Master Plan,2014)在提供公园游憩机会的同时还包含了自然保护的目标。

基于公园、游憩与开放空间等内容的紧密联系,很多规划将几方面的内容整合在统一的规划中,形成如开放空间与游憩规划(open space and recreation plan),公园、游憩与开放空间规划(park, recreation and open space plan),或公园与游憩规划(park and recreation plan)等。无论采用何种名称,这些规划一般都很好地平衡了保护自然景观特征与提供多样可达的户外游憩机会的双重目标。

2.1.4 开放空间可达性

由于关注的领域不同,可达性(accessibility)具有广泛和灵活的概念。1959年Hansen首次提出了可达性的概念,将其定义为交通网络中各节点相互作用的机会大小。可达性是评价城市公共资源的重要核心指标,是通过某种交通方式,从一处到另一处的接近性和便捷程度(Tsou et al., 2005),或抵达某处或某设施的容易程度(Nicholls, 2001)。克服空间阻隔到达服务设施的难易程度一般用距离、时间或费用等指标来表达,强调其空间位置和进入过程中的阻力。在某些领域,如社会科学,可达性可以表述为使用者到达某处的可能性和能力。这里的可达性是从使用者的视角来描述设施和服务系统的,是人的特性而非交通模式或服务供给。

20 世纪 50 年代以来,可达性已广泛应用于城市重要公共服务设施的空间布局,如公园与开放空间、学校、医疗服务设施及体育设施等(尹海伟等,2009)。在城市规划领域,可达性具有了内在的空间特性(Rosa,2014)。开放空间可达性本质上是一个多维的概念,与使用者空间分异、开放空间特征及布局等紧密联系。开放空间可达性是在不同出行情况下居民接近开放空间获取服务的难易程度,它受到需求方、供给方、交通水平等多方面因素的影响,可以理解为城市开放空间对于城市居民的可接近性,是衡量城市开放空间布局合理性和服务水平的重要标准。

开放空间空间可达分为两种类型,实际可达性(actual accessibility)与潜在可达性(potential accessibility)。实际可达性强调开放空间的实际使用,而潜在可达性强调开放空间在特定区域的数量。无论是实际可达性还是潜在可达性,空间可达性与非空间可达性之间存在相互作用(Dai,2011)。空间可达性指基于物理距离和时间的可达,包含位置与距离;非空间可达涵盖了除空间可达外其他可能影响可达性的要素,如收入、年龄、性别、职业、文化素质、社会状态等。

可达性程度是开放空间规划布局的重要因素,和开放空间服务效率与居民满意度有着极其紧密的联系。基于可达性的城市开放空间规划布局的最终目的在于寻找合理布局区位,保证居民均衡有效地享有特定服务。因此,服务均衡覆盖是开放空间布局的主要目标。

2.1.5　开放空间公平性

公平性(equity)指一种状况或分布的公平与正义,通常用于公共服务或公共资源分配公平、公正与否的判断。根据 Smith(1986)的定义,公平指某种状态或分配的公平与公正。公共服务或资源的公平不是算术意义上的绝对相等,而是附加其他条件之后的相对平等,Nicholls(2001)将公平总结为四种类型,包括:① 基于平等(equality)的公平性,即不论地理区位或居民社会经济特性,同等地提供服务的机会;② 基于需要(compensatory or need)的公平性,即针对不同人群如青少年、老年人、少数族裔或高密度区域人群的需要提供服务;③ 基于需求(demand)的公平性,即根据消费者需求生产物品或服务;④ 基于市场或支付意愿(market or willingness to pay)的公平性,即市场对服务分布具有潜在影响,多是针对商业服务等。

公共设施或公共服务的分配在时间和空间上都应体现公平。20 世纪以来西方城市公共服务公平性的研究可总结为 3 个阶段,分别为 20 世纪 70 年代以前的地域均等、20 世纪 70～90 年代的空间公平和 20 世纪末至 21 世纪初以来的社会公平(江海燕,2011)。

地域均等强调人人同等享有,空间均等(spatial equality)和地域公正(territorial justice)是此阶段的核心概念,强调在较大尺度的空间单元具有相等的人均公共服务量,而不考虑服务或设施的实际空间布局及服务的效益。

空间公平强调服务效益,关注设施分配的具体区位和数量,该阶段研究可以概括为区位公平(locational equity)和空间公平(spatial equity)问题。区位公平实质是均等分配思想的继续,是基于最低标准的服务设施的平等配置。空间公平指在空间上平等地到达或获取满足居民需要、服务标准及偏好的服务(Tsou et al.,2005)。可达性的差异是空间公平评价的重要指标。不论居住在哪里,也不论社会经济特性,空间公平同等对待所有的居民,而没有考虑社会空间分异和人群分化。需求非均质化会导致公共设施或服务在某些特定社会群体的分配不公问题。

社会公平是确保每一社会成员,无论其经济基础、社会地位、种族差异或性别特征,都拥有平等的竞争和发展机会,因此更关注于社会弱势群体能否获得平等机会。回答如"谁得到什么"、"谁应该得到什么"(Nicholls,2001),或高需求群体和弱势群体相对集中的区域是否也是可达性水平较高的区域等具体问题。除了代内不同人群之间的公平,从可持续发展的角度而言,公平性也考虑代际之间的公平问题。根据设施类型不同,社会公平可分为环境公正(environmental justice)和社会公平(social equity)。环境公正多集中在对有环境负效应的设施或服务,如垃圾填埋场或危险品设施等方面的分配;而社会公平多指公共设施或服务,尤其是受欢迎的服务或设施,如公园等在不同空间和社会经济群体之间的分配问题。社会公平不仅对可达性等的差异,而且对不同社会群体可达性等的差异进行评价。

2.2 开放空间价值

开放空间支持人们众多的交往行为,对于城市空间的人性化交往,进而对于和谐社会关系的建立及维持社会的稳定具有重要的意义;开放空间在提高生态环境质量、提升城市品质等方面也都起到至关重要的作用。因此,解读城市开放空间的价值和意义是城市规划学界和业界应深入探究的问题。开放空间提供了包括社会效益、生态环境效益、经济效益等在内的一系列益处,对公共健康、福利和社会安全起到了根本性的作用(Rosa,2014)。

2.2.1 社会效益

社会效益指最大限度地利用有限的资源满足人们日益增长的物质文化需求。开放空间是居民休闲娱乐及追求健康生活的重要来源,对保障居民生理与心理健康、改善居民生活质量、促进社会交往与文化融合、提高城市宜居性、进而对于民主表达与和谐社会关系的建立起到至关重要的作用。

(1)公共健康

现代医疗技术的进步使人类的多种疾病都能得到有效的治疗,但研究表明,与绿色环境的接触对人类的生理和心理健康具有极大的益处。Wilkinson(1983)将开放空间的功能概括为选择、控制、平衡、社会交往、自我实现、与大自然接触(choice,mastery,balance,social contact,self-actualization,and contact with nature)。通过这些功能的实现满足人类生理和心理健康的需求。开放空间的城市服务功能为满足人类在生理和心理方面的需求和愿望提供了机会,可以鼓励体育锻炼、增强身心健康、有助于降低患慢性疾病的风险、消除精神疲劳、增强儿童的发展和福祉,对城市居民社会交往等具有重要的意义(Dai,2011)。具体而言,开放空间对健康的益处主要表现为如下两个方面。

首先,开放空间对居民的生理健康起到积极的作用。Louv(2005)的研究表明,城市绿色空间可达性较低区域的儿童会有各种行为表现等方面的问题;多项研究也表明,与自然和动物等的接触和互动对儿童的成长和发展非常重要,同时有助于降低居民尤其是儿童和青少年的肥胖问题(Wolch et al.,2014);临近开放空间促进体育运动的增加,对维持较高水平的骨密度、促进骨骼健康起到重要作用(Austin,2014)。

其次,居民的心理健康也与开放空间有密切的联系。城市环境往往充满了压力,长期的压力对心理和生理健康会造成不同程度的影响。公园体验,如在公园中散步等,能较好地减少压力,改善睡眠,提供身心放松的机会,并且提供平和安静的感觉或产生积极的情感体验。Lee 和 Maheswaran(2011)的研究发现心理健康与城市绿色空间之间具有密切的联系;Barton 和 Pretty(2010)对英国的研究表明,在开放空间尤其是绿色空间进行锻炼对多项情感和自我认同指标有显著的提高;对美国的研究表明,积极运动的人比不运动的人患有抑郁症的比例要低30%;其他国家的研究也表明,积极的运动能够将患抑郁症的风险减少45%。

（2）休闲娱乐

休闲(leisure)是用于维持生命所必需的工作完成后所剩余的时间,而娱乐(recreation)不仅仅是特定的活动,如散步、慢跑、日光浴、游泳、踢球等,从更深的心理感觉而言,娱乐指由娱乐行为所产生的人的情感和鼓舞人心的经验。开放空间的城市服务功能主要表现为休闲娱乐功能。城市开放空间提供了休闲娱乐的机会,包括主动性娱乐(如有组织的体育活动和个人锻炼)或被动性的娱乐。物质环境并不总是能够引发休闲娱乐和体育运动,但却提供了运动和精神满足的机会。临近开放空间可以鼓励体育锻炼,增加居民锻炼和活动的机会。例如,Austin(2014)的研究表明,临近绿色空间会增加60岁以上老人体育活动的机会,年轻人体育运动也有显著增加。

（3）城市宜居性

开放空间是住区规划早已公认的基本要求,是塑造未来社区和城市的重要驱动力之一(伍学进,2013)。其提供的一系列社会效益已得到普遍的认同:作为社会交往的场所,开放空间可以提高居民的安全感和归属感;通过提供居民聚集到一起参与休闲、文化和庆祝活动的机会,开放空间起到联系居民并建立有凝聚力社区的作用;接触自然对人生活质量的提高是有益的(Comber et al.,2008),通过提供接触自然并增强社会凝聚力和包容性的场所和机会,开放空间对提高建成环境的城市生活质量起到重要的作用;通过提供重要的绿肺、视觉休息及野生动物栖息地,开放空间提高了城市的宜居性,不仅为城市,而且为农村和偏远地区的宜居性也作出了重要贡献(New South Wales Government,2010)。

2.2.2 生态环境效益

开放空间对城市生态环境的重要性已经得到广泛的认同。开放空间提供了广泛的生态服务功能,对提高城市空气和水质、降低城市热量积聚、避免生物多样性的减少,以及在对抗众多的城市病等方面产生了积极的作用,并有较强的环境教育价值(New South Wales Government,2010)。

开放空间在城市地区的缺乏导致了重要的供水和排水问题。在非城市化地区,年降水量的约75%由土壤和植被吸收;剩下的25%通过自然的地表排水。在高度城市化发展的地区,这个比例是相反的,导致地下水的补给率严重降低。作为低成本、高效率、审美和多次使用的解决方案，大面积的开放空间提供了降水和径流两方面的益处，尤其是对无力承受复杂的、具有较高排水和供水初始成本的地区。

完全控制城市污染问题需要有效控制和最终消除污染的原因，虽然开放空间无法消除城市空气污染的原因，但它可以将污染的影响减少到一定程度。通过良好的空气循环作用，开放空间使得污染物扩散更加容易，并降低有害颗粒的浓度。植被，尤其是灌木和树木，在一定的种植宽度下，能有效地过滤或沉降许多污染物，从而极大净化空气质量(Wilkinson，1983)。

除了对空气和水的净化作用，开放空间还具有其他众多的生态环境效益。例如，种植足够密度和深度的树木和灌木对减少高速公路和工业噪声的作用是众所周知的；开放空间通过提供遮荫和降温、促进雨水管理、消减城市热导效应等方式可以有效地应对气候变化的影响；开放空间作为城市中的"自然岛屿"，能够促进生物多样性的提高和为那些不适于居住在城市环境中的物种提供栖息地；开放空间提供了对生态敏感地区和历史文化遗产地区的保护，进而对生物多样性的保护起到积极作用。总之，从生态环境效益来看，开放空间对调节气候、缓解热岛效应、保护生物多样性、净化环境及降低空气污染等方面都起到了重要的作用。

2.2.3 经济效益

开放空间尤其是绿色空间本身的经济价值包括使用价值和非使用价值。使用价值包括直接益处(如可以进行娱乐活动等)、间接益处(如环境保护)，以及可选价值(如未来潜在的价值)，这些都是使用者可以直接享受到的益处。非使用价值包括为了子孙后代、历史重要性及慈善福利等方面的益处。通常使用价值更加重要，但有些开放空间具有重要的非使用价值，如具有重要历史意义的公园，或巴黎爱丽舍大街旁的行道树等(Choumert et al.，2008)。

开放空间的经济价值可以通过货币形式来表达。城市开放空间的主要构成要素(如树木等)是城市有价财产，它的价值不仅体现在其木材等的使用价值上，也可通过发挥各类生态景观功能得到体现。使用多种绿色空间生态服务价值评估法，学者可以对城市绿色空间的经济价值进行估算。计算过程综合考虑绿色空间的生态效益，如减少暴雨径流、大气污染物清除、CO_2的储存与吸收、节能、提供野生动物生境等多方面的内容，将生态效益转换成直观的经济价值。

除了本身的经济价值,开放空间还可以带来其他的经济利益,地方、区域和国家都从不同类型的开放空间中受益。在有些国家,绿色空间的生产和维护产生废弃物,包括落叶、草屑以及修剪行道树产生的树干和树枝等,这些绿色废弃物的回收利用也会产生一定的经济收益。开放空间会帮助吸引商务和旅游,从而促进城市更新的过程;公园与开放空间等是地方休闲和旅游产业的重要组成,也是地方就业渠道的重要来源;开放空间中的运动和娱乐活动可以吸引投资,支持本地体育和娱乐事业发展,并为大型活动提供空间,从而吸引游客和参观者以促进地方经济发展。例如,加拿大蒙特利尔每年在老港(Old Fort)举办的狂欢节(Igloofest),或渥太华在城市公园举办的冰雪节(Winterlude),都会吸引大量的城市居民和外地的游客。除此之外,很多研究都对开放空间对周边房地产增值的间接价值进行了较为详细的分析。

2.3 开放空间类型

按照不同的分类标准,开放空间可分为不同的类型,一般按照土地权属(land ownership)、使用者影响范围/层级(visitor or user catchment/scale)、空间形态(spatial form)、使用或功能(use or function)、自然、植被或地形(nature,vegetation/topography)以及土地利用(land use)等方面进行分类。单一的分类往往是不充分的,多种方法的运用能够更好地反映城市开放空间的复杂特性(Erickson,2006)。因此可按照多种方法或方法的组合对开放空间进行分类。

2.3.1 土地权属

城市公共开放空间一般由公共部门提供。例如,美国城市公共开放空间的供给由市政当局、县或州立公园等公共机构提供。这些机构管理维护超过2000万 acre(1acre≈4046.86m^2)的土地,其中大多数作为州立公园,但超过600万 acre 的土地是由市级机构提供的,其中 200 万 acre 市级土地作为非正式的开放空间(51.8%)、生境(34.3%)或者自然保护(4.0%)用途(Erickson,2006)。州层面,如美国加州公园与开放空间的供给者包括地方、区域、州、联邦和非盈利性组织等机构。加州拥有约 1 亿 acre 的土地,其中的公园与开放空间用地绝大多数归联邦和州所有(联邦政府拥有 4 370 万 acre,州拥有 199 万 acre)(图 2 – 1a);按照数量划分,则城市拥有最多数量的公园,约有 9 000 处公园属城市所有(图 2 – 1b)。具体到城市,如美国圣弗朗西斯科市(San Francisco)公有开放空间构成了城市土地总面积的近 20%,圣弗朗西斯科有超过 3 400 acre 的娱乐和开放空间由游憩与公园部(Recreation and Park Department,RPD)拥有并管理,超过 250 acre 的开放空间由加利福尼亚州拥有并管理,另外 1 600 acre 是联邦拥有的开放空间,其他 560 acre 则由城市或大学等拥有。

(a) 公园与开放空间用地权属　　　　(b) 公园数量权属

图 2 – 1　加州游憩用地权属(单位:acre)

资料来源:Meeting the Park Needs of All Californians – 2015 Statewide Comprehensive Outdoor Recreation Plan

由于公共服务和健康等往往超出了开发产品和利润的经济核算,因此除非迫于政府的要求,一般私人开发很少提供公共开放空间。但公共部门可以依靠如区划(zoning)等方法让土地私有者提供公共开放空间。因此,公共或私人部门都可以拥有开放空间的土地权。根据用地权属不同,公共开放空间一般分为独立型和附属型两类。独立型指具有独立土地权属的公共开放空间。附属型指不具有独立土地权属、附属于地块开发的开放空间,如通过建筑后退红线形成的小广场、小绿地,以及楼宇间的空地及附属于地块开发的绿地、广场等。

2.3.2　层级划分

层级划分是普遍采用的一种开放空间分类方法,主要基于满足不同层次公共生活的实际需求。根据服务半径和使用者影响范围不同,可将城市开放空间划分为多种层次。一些国家或地区将公园作为开放空间的特殊形式,将其划分为从口袋公园、邻里公园、社区公园到城市及区域公园等不同

25

层次。社区公园在相当长的时间内都是美国城市公园建设发展的主体,多注重按照服务半径均衡布局,区域公园多依托自然资源分布,注重生态效益的同时发挥游憩功能(骆天庆,2013)。不同的国家或城市根据其自身的情况对包括公园在内的开放空间提出不同的级别分类标准。例如,Tankel(1960)基于城市开发的开放空间类型包括街道级、社区级、县级、区域级等层面(表2-1),其中社区级又可以按照规模尺度进一步细分为邻里或城市级,区域级进一步细分为大都市区和大都市连绵区两个等级。加拿大文化娱乐部将游憩系统的开放空间划分成从家庭导向空间、次邻里公共空间、邻里空间、社区空间、城市空间到区域空间几个等级(表2-2)。

表 2-1　Tankel 的开放空间分类

	尺度或等级	开放空间实例(陆地)	开放空间实例(水体)
街道	建筑场地	庭院	
	建筑群	街道、广场、小区公地等	
社区	邻里	学校场地、儿童游乐场、小于 10 acre 的小公园	池塘、溪流
	市	10～100 acre 的公园、游乐场	
县	多个城市	100～1 000 acre 的公园、高尔夫球场、小型自然保护区	湖、河
区域	大都市区	大于 1 000 acre 的公园、大型自然保护区、主要水体、私人牧场、林地或城市边缘的其他用地	海洋、江河
	大都市连绵区	海岸线、山脉等	

来源:Stanley Tankel's categorization of open space, based on ascending scales of urban development(Tankel, 1960)

表 2-2　游憩系统开放空间分类

等 级	功 能	空间、设计、服务范围
家庭导向空间	应该满足审美要求并适应静态或动态的非正式活动、如休息、阅读、园艺、晒太阳、儿童游乐和家庭活动等	根据住房类型有所不同,通常紧邻住宅或在 500 ft(1 ft=0.304 8 m)以内

等　级	功　　能	空间、设计、服务范围
次邻里公共空间	在高密度地区尤其重要,提供视觉放松和满足审美要求,以及为小团体非正式的散步、慢跑和遛狗等提供空间	视觉上必须可达,面积 500 ft²～2 acre 不等,设计尽可能灵活,100 yd(1 yd=0.914 4 m)～0.25 mi 的服务半径
邻里空间	适应邻里的兴趣偏好;包括小型职业球队联盟运动场、户外溜冰场、水上游乐,以及特别活动和非正式的被动活动	应包含一所小学,4～20 acre 不等,0.25～0.5 acre 半径内服务 5 000 人
社区空间	适应特定社区感兴趣的社会、文化、教育和体育活动;多用途,全年昼/夜的活动;低层级的竞技体育	包含一所中学,15～20 acre 不等,服务多个邻里或在 0.5～1.5 acre 半径内服务 1.5 万～2.5 万人,步行、自行车或公共交通可达
城市空间	应为更多的人提供专门的设施;容纳对独特的历史、文化和自然区域等的保护	25～200 acre 不等,城市所有居民通过公共或私人交通可达,不超过0.5 h 开车时间,与其他开放空间相联系
区域空间	自然资源保护的特殊区域,通常涉及较长时间的活动,如全天的野餐或家庭露营等	500 acre 以上,服务于两个或以上城市,可能的情况下公共交通可达,20 mi或在高密度地区 1 h 车程可达

来源:Types of Open Space in a Recreation System, Guidelines for Developing Public Recreation Facility Standards, Canada.

　　多数开放空间规划根据开放空间等级提出规划标准。但这种观点被 Alexander(1966)等学者驳斥,认为多数总体规划将城市看作树形,但其实际是半网格形,即城市尤其是开放空间不应视为等级结构,而应将其作为一个网络系统对待。

2.3.3　空间形态

　　开放空间规划超越传统的公园规划,强调相互连接的开放空间资源,如自然空间、公园、游径、廊道等。Löörzing(1998)将绿色开放空间按照点线面的形式总结为马赛克式的空间缀块状(如公园)、网络状(如街道和水道)、带状(如游径和廊道)以及楔形(如自然区域等)多种模式(图 2-2)。

　　根据开放空间的形态和相邻区域之间的关系,参考其他学者的分类方式,本书将开放空间分为独立的缀块开放空间(patch)、线性开放空间(linear)及网络状开放空间(network)三大类型(图 2-3)。

Scattered: the patchwork
点：缀块

Linear: the ribbon
线：带状

Linear: the network
线：网络状

面：带状
Area: the belt

面：楔形
Area: the wedge

图 2-2　绿色城市空间模式

资料来源：Löörzing，1998

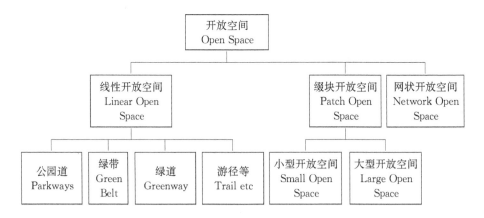

图 2-3　开放空间形态划分

（1）缀块开放空间

从景观生态学角度出发，缀块指与周围环境在外貌或性质上明显不同，并具有一定内部均质性的空间单元。缀块开放空间指在平面形态上向各个轴向延展差别不大的相对独立分散的非线性开放空间。按照规模大小，又可细分为小型开放空间如点状绿地或街头绿地，和连续分布的面状大型开放空间如城市公园和自然风景区等。一般独立的缀块开放空间包括公园、绿色空间等，但也包括被城市建成区所环绕的大型开放空间，这种类型多称为绿心（green heart）。例如在荷兰兰德斯塔（Randstad）地区，阿姆斯特丹、鹿特丹、海牙和乌德勒支围绕的农业地区。

公园是缀块开放空间的典型，是城市开放空间的重要组成部分，是城市居民游憩活动的重要场所，具有重要的生态、娱乐、休憩和社会文化等功能。但许多城市规划文件对公园类型及公园定义等的描述都不是很明晰，也很少从形式和功能区分的角度对公园进行定义。个别学者如 Gold（1973）根据功能而非形态将公园定义为任何用于审美、教育、娱乐和文化用途的公共区域。游憩（recreation）、保护与保存（preservation and conservation）是公园诸多功能中重要的两个方面。因此为了区分公园的不同功能，在美国有些公园命名为游憩区域（recreation areas），有些公园则称为自然保护区（natural reserves）。尽管休闲娱乐只是公园的重要功能之一，但公园的形式往往是基于休闲娱乐功能所确定的公园尺寸和设施要求等进行描述和设计的。

（2）线性开放空间

线性开放空间是以线状形式分布的公共开放空间，在平面形态上向某一轴向延展的线性绿地或其他开放空间类型。按照长宽比值，线性开放空间包括较宽的绿带（greenbelt）、绿道（greenway），较窄的公园道（parkway）、游径（trail）和自行车道（cycling），或通常意义上的廊道（corridor）等多种开放空间。绿道、绿带和公园道等是用于连接公园等开放空间，具有各自鲜明特色和优势的线性开放空间。虽然公园道和绿道是不能互换的空间现象，但在景观上都提供了较长的绿色廊道；绿带多位于城市周边，起到了控制城市扩张的缓冲功能，但绿带并不一定总是线性的。根据景观生态学理论，廊道指景观中与相邻两边环境不同的线性或带状结构的空间单元，如河流廊道、遗产廊道等。线性开放空间的具体内容将在本书第四章系统分析。

（3）网状开放空间

网状开放空间通过线性开放空间等有效地将分散的开放空间或其他公共服

务设施串联起来,构成在空间上彼此交错、生态上相互联系的开放空间系统,从而建立便捷的交通联系,极大提高公共开放空间的可达性及使用效率。绿指(green finger)也可以归为一种网状开放空间,指以绿楔或指状嵌入建成区的开放空间,可以提高从城市核心区到开放空间的可达性,如丹麦哥本哈根(Copenhagen)的"五指"规划。缀块开放空间、线性开放空间是形成城市开放空间网络的基础,而城市开放空间网络的空间结构和功能特性等决定开放空间的生态服务效果和居民游憩效能,并成为城市空间结构的重要组成部分。

2.3.4　使用功能

按照使用功能,北美开放空间可以分成三种类型:① 使用者导向开放空间(user-oriented open space),靠近居住区,主要为居民提供休闲娱乐服务,如城市公园绿地等;② 资源导向开放空间(resource-based open space),通常面积较大,往往距离居民较远,主要以自然生态资源保护为目的,如国家公园或郊野公园等;③ 中间类型(intermediate open space),位置及自然特性介于以上两者之间,通常位于1～2 h车程一天可以游玩的公园,如省立公园或州立公园等。

使用者导向开放空间一般又包括动态的开放空间(active open space)和静态的开放空间(Passive Open Space)两类。动态的开放空间主要作为正式的户外运动场地,而静态的开放空间是公园、庭院、线性廊道、自然保护区、社区花园等用于静态的休闲娱乐、游戏及非正式的体育活动的空间。

特定类型的开放空间也会按照使用功能进一步细分。如按照使用群体和所提供的服务,北美的公园进一步细分为多种类型,以满足人群的多样需求,如公园(park)多提供较为综合的设施以满足多种游憩需求;游憩中心(recreation center)是专人管理的室内外运动场馆,并提供多种免费或低收费的活动或培训等;儿童游乐场(playground)提供社区居民尤其是儿童日常游憩的室外活动场地;口袋公园(pocket park)是供儿童游戏或居民日常游憩的小型公园。

开放空间的类型并非严格区分,诸多城市同时使用两种或两种以上的分类方式。如根据加拿大《汉密尔顿市官方规划》(the Urban Hamilton Official Plan, UHOP)的要求,其《公园与开放空间开发指南》(Park and Open Space Development Guide, 2015)将公园与开放空间分别定义。其按照等级将公园分为城市公园、社区公园、邻里公园与小公园四种类型,按照使用功能将除公园外的开放空间分为一般开放空间(general open space)与自然开放空间(natural open space)两种类型。一般开放空间包括高尔夫球场、社区花园、游径、野餐区、海滩、城市广场等提供动态运动与静态休闲活动的空间;自然开放空间包括具有显著的自然特征和景观的用地,如林地、森林坡地、溪流/深谷走廊、环境敏感区以及野生动物栖息地等。这些区域发挥重要的生物和生态功能,并能为公众提供静态休闲娱乐场所。

2.4　小结

本章对开放空间相关概念、价值及类型划分等内容进行了分析。首先,对开放空间、开放空间规划、开放空间可达性与公平性等相关概念进行解析。一般而言,开放空间与绿色空间历史上一直承担着"反城市"(anti-urban)的修辞功能;而公共空间则坚持相反的理论立场,其最初的核心含义是与"连续的开放空间"(continuous open space)和"单用途分区的功能主义方法"(the functionalist method of single-use zoning)两个理念相背离的(Nadal,2000)。与其他两个概念相比,现在通常使用的公共空间更强调空间的公共性。

传统可达性研究从纯粹地理的视角出发,基于选址理论,目的是最大化网络分布效率和最小化系统成本。这种基于效率的分析并没有考虑分布的结果或受益的人群(Nicholls,2001)。近几十年来,虽然可达性研究的对象、方法不尽相同,但基于可达性对城市公共设施和公共服务布局的公平性等研究已成为备受关注的议题。随着 21 世纪以来开放空间价值的社会转向,关于不同社会经济地位的人群对开放空间的需要和需求及两者之间的关系成为研究热点。公平性研究经历了从地的公平向人的公平转变,从均质人群向社会分异的转变。

其次,开放空间具有众多的社会、经济和生态环境价值,为最大化这些功能,政府应考虑所有人,尤其是儿童、老年人和残疾人,使他们容易地到达开放空间,有机会参与活动和户外运动。传统公园仍是开放空间的一个重要组成部分,但只是这一系列机会中的一个重要元素,政府应提供多种类型的开放空间以最大化开放空间的效益。除了社会、经济和环境等效益,开放空间的价值也体现在它所提供的其他特定功能,如自然功能、审美功能、文化表达功能、城市设计功能和塑造城市形态等。城市开放空间的审美价值是不言而喻的,人们喜欢观赏自然,尤其是在自然资源相对稀缺的城市环境中。因此,开放空间可以提供"取代灰色基础设施"的价值。城市开放空间还具有城市形态塑造和城市形成功能,它涉及城市的结构和格局,主要表现在城市景观、城市特征、定义和限定等功能。

尽管多数研究集中在开放空间所带来的效益,但开放空间也会带来一定的健康风险。例如,位于交通繁忙的道路周边的开放空间会使居民暴露于空气污染或噪声干扰中,从而使得在其中的活动对身体健康不利。Su 等(2011)的研究发现,在洛杉矶个别社区的公园暴露在较高的空气污染中,尤其是在低收入和少数族裔社区的公园。Wolch 等(2014)对杭州的研究也表明,杭州市许多现有绿色空间通常紧邻主要道路,一些新的城市绿化也沿着高速公路或铁路线建设,使得使用者可能暴露于空气污染中,而且难以逃离交通噪声的干扰。因此,在开放空间规划建设过程中如何发挥开放空间的正效应是城市政府和规划师需要仔细斟酌的问题。

最后,本章对开放空间按照用地权属、形态、功能、等级等多种方式进行分类。就等级分类而言,通常城市居民并不关心哪一层级的政府提供了特定的开放空间,以及是由私人还是公共部门提供的。对使用者而言,最重要的是开放空间机会的存在。而对于城市政府、规划师或开发商等而言,开放空间的分类及要求关系开放空间的有效供给与管理。

第3章

国内外研究现状

学界对开放空间和公共空间的相关研究颇丰。目前开放空间理论和实践的研究涉及诸多议题，如开放空间理论体系、历史沿革、概念辨析、公共性问题、开放空间设计及公共参与等，而针对开放空间规划控制体系的研究相对缺乏。本章将对公共空间与开放空间、开放空间规划标准、社区分异、开放空间可达性与公平性、规划设计对策等相关研究现状进行总结。

3.1 公共空间与开放空间

3.1.1 公共空间

20世纪初，由于社区规划的缺位，美国的很多城市都经历了对公共空间及基础设施投资不足所引发的一系列社会问题，如社会隔离和缺乏市民参与等（Cooley，1902）。其后的一系列社区规划试图通过社区公共空间的塑造增强社区的归属感和凝聚力。

随着人文主义思想的复兴，社区建设中更多地强调生态环境及人的因素，更注重研究人的生理、心理及行为需求，并试图从供给的角度满足社会各个阶层居民的不同需求。对居民行为和需求的研究，较著名的有 Jan Gehl，Oscar Newman，Jane Jacobs 等，均提倡社会交往活动与行为支持互动的、多功能混合的公共空间。后期所谓的可持续发展的社区则更多强调社区的凝聚力和归属感的创造。20世纪80年代兴起的传统社区规划也强调了社区公共空间在社区建构中的重要作用。社区规划的目的就是要构建亲密的邻里关系，并创造健康的个体及社会（Ahlbrandt et al.，1979；Lyon，1987；Warren，1978）。

我国目前关于公共空间的研究多侧重于公共空间物质规划设计或公共空间管理等方面。从城市及社会研究角度，公共空间被视为社会生活交往的场所，是具有相当密度和混合使用功能的异质性场所，是多元社会元素共存和交融的社会活动空间（陈竹等，2009）。龙元（2010）指出公共空间的本质是差异与交换，并从空间的社会维度对公共空间加以理论思考，探讨公共性和社会生活等公共空间背后的本质存在和社会功能。另外，部分学者的着眼点在管理和社区建设等方面，例如，王翀（2005）研究了城市社区公共空间的构成，并对社区公共空间管理的影响因素进行了分析。

3.1.2 开放空间

国内学界对开放空间的研究主要集中于理论体系(陈竹等,2009;杨震等,2011)、发展历程(陈渝,2013)、价值评估(吴伟等,2007;吴伟等,2010)、规划方法(方家等,2012)、城市设计(刘怡,2010)、公共空间私有化(杨震等,2013)、国际案例及启示(任晋锋,2003;王洪涛,2003;朱跃华等,2006;王佐,2008;李咏华等,2011;张坤,2013;燕雁,2014),以及总规或控规阶段开放空间规划的目标、原则、控制内容及策略(代伟国等,2010;奚东帆,2012)等。还有学者对开放空间研究进行了理论综述(张虹鸥等,2007;邵大伟等,2011;张帆等,2014),综合分析了开放空间概念和发展历程、规划内容与模式、功能价值、对城市空间的影响,以及设计、格局演变与管理策略等主要研究方向的研究进展,将开放空间研究按内容分为国外研究进展评述、保护与规划设计、调查研究、实践项目分析、客观规律研究和空间格局等方面。

国际上,众多学者也对开放空间进行了系统的研究。例如,对开放空间使用模式和价值取向(Thompson,2002)、规划设计(Goličnik et al.,2010)、规划方法(Maruani et al.,2007)、相关政策(Koomen et al.,2008)、空间分布的公平性(Barbosa et al.,2007,Crawford et al.,2008)、对周边环境的影响(Tajima 2003,Koohsari et al.,2012)、及城市空间结构影响(Wu et al.,2003)等方面进行了系统研究。在价值取向方面,Thompson(2002)探讨了新的生活方式与价值观等的社会与空间意义,并分析了未来城市生活和城市开放空间的模式。Maruani 等(2007)回顾了开放空间规划常用模式和指导原则,对它们作为规划工具的价值和局限性进行了探讨。在相关政策方面,Koomen 等(2008)分析了荷兰开放空间保护政策及其空间规划的含义。Schmidt(2008)探讨了开放空间保护与地方规划实践之间的关系。在房价或城市结构等影响方面,Koohsari 等(2012)主要分析了开放空间接近性与吸引力及对周围建成环境的感知等是如何与步行出行联系起来的。通过特征模型,Tajima(2003)分析了波士顿开放空间对周边房价的影响,指出开放空间的经济效益。Wu 等(2003)着重研究了开放空间对城市空间结构的影响。在开放空间社会分布社会公平性方面,Barbosa 等(2007)在对英国谢菲尔德绿色空间分布研究的基础上,分析了不同人群开放空间可达性问题。Crawford 等

(2008)对开放空间特性与社区社会经济状况的关系进行了探讨。在规划设计方面,Goličnik 等(2010)研究了城市公园设计与开放空间使用模式之间的关系。

也有学者对开放空间规划模式进行总结分析(Turner,1992)、对开放空间标准质疑(Veal,2012)或对新的开放空间规划标准制定方法(Maruani et al.,2007)进行探讨。总体而言,对公共空间的研究多强调空间的公共性,而对开放空间的研究多强调空间的社会、经济及环境等功能。

3.2　规划控制

尽管国内外学界对开放空间的相关研究颇丰,但针对开放空间规划控制的探讨却如凤毛麟角。国内涉及开放空间规划控制的研究见于个别学者对公共空间规划、标准选取及技术方法等的相关研究成果,专门针对开放空间规划控制的研究几乎空白。

规划控制方面,周进(2005)的研究强调从使用者的角度评价公共空间品质,并对公共空间建设规划控制和引导进行了较为系统的分析,分别提出了在城市总体规划阶段、控制性详细规划阶段及城市设计阶段城市公共空间控制的内容及表达。赵蔚(2001)从宏观、中观与微观三个层面构建城市公共空间的分层规划控制体系。

量化标准方面,李云和杨晓春(2007)对公共开放空间量化评价体系进行实证探索,在分析国外开放空间规模与服务半径两项指标的基础上,分别提出了基于绿化、广场和运动空间三种类型的人均公共开放空间面积,以及基于300 m 步行可达范围覆盖率两个基准指标,并以深圳为例,提出这两项指标的具体标准。燕雁(2014)分析总结了纽约、伦敦等国际大都市总体层面开放空间规划的成功经验,提出了上海在总体层面开放空间规划中要注意的问题,同时提到了某案例城市对绿地面积、步行圈与覆盖范围等指标的要求。赵蔚(2001)提出在宏观与中观层面应该确定城市视线走廊、天际轮廓线、公共广场级别、分类及各项指标,以及步行系统的性质、指标等内容的要求。尹海伟等(2008)借助于地理信息系统(GIS),构建了城市绿地社会功能评价的简明框架,尝试将表征城市绿地空间分布的可达性和公平性指标引入城市绿地的功能评价中,以体现城市建设"以人为本"和"社会公平"的理念,并以上海和青岛为实证,对新构建的指标体系进行了分析与检验。研究表明,可达性和公平性评价指标能够有效地表征和测度城市绿地空间布局的合理性程度。陈雯等(2009)从空间区位和空间关系的视角提出了包含可达性、服务覆盖率、服务重叠率和人均享有实际可达公园面积的多指标综合评价模型,并基于地理信息系统-遥感(GIS-RS)技术建立和实施了公平性评价模型的算法流程。文章对上海外环线以内公园区位分配公平性进行了实证研究,研究结果表明,模型估计的公园实际服务范围可以为解决空间分布的供需矛盾提供决策信息,公园服务覆盖率及服务重叠率指标可以为新建城市公园的合理布局提供科学依据和政策性思考。

从方法论的角度出发,方家和吴承照(2012)提出供给角度生态要素阈值法或生态因子地图法,或需求角度的系统规划(system plan)法、服务水平(level of service)法或GRASP复合价值法(composite-values methodology)等。传统服务半径的分析方法存在一定局限性,空间句法或密度估计法成为近期研究的热点(宋小冬等,2014;肖扬等,2014;Chiaradia et al.,2014)。

由于开放空间标准是北美开放空间规划发展的最初阶段,学界对其研究多见于国外早期的文献(Simpson,1969;Hill et al.,1977;Theobald,1984;Wilkinson,1985;Shiels,1989)。例如,Hill等(1997)意识到当时开放空间标准的局限性,指出应将使用者需要及开放空间类型等作为开放空间标准的补充,增加如服务范围、最小面积、空间分布、居住密度及活动类型等标准。国际上对开放空间规划标准的论述多见于各城市和地区开放空间规划与相关机构制定的标准。早在1968年,英国运动委员会(The Sports Council)就提出基于需求的方法(demand-based approach);20世纪90年代,美国国家游憩与公园协会(NRPA)用基于需求的规划指南(guidelines on demand-based planning)代替了开放空间标准;2002年,英国规划政策指南(Planning Policy Guidance,PPG)指出最好在地方层面制定开放空间标准,并提出采用文化战略(cultural strategies)的方法。Veal(2012)对英国、美国和澳大利亚等国开放空间国家标准的选取和制定提出了质疑,指出其制定缺乏必要的科学依据,并且对至今依然沿用几十年前的标准的有效性提出怀疑,建议应根据国家和城市自身的现状进行与时俱进的调整。通过对英语国家80个规划指南的研究,Veal(2012)总结出七种类型开放空间规划标准的替代方法,包括提供机会(providing opportunity)、管理资源[managing(natural/heritage) resources]、满足需求

(meeting demand)、满足利益相关群体(satisfying stakeholder groups)、满足需要(meeting needs)、满足参与目标(meeting participation targets)及提供收益[providing（net）benefits]。

3.3　社区分异

社区分异一直是国内外城市规划师和决策者所关注的重要议题之一。近几十年来,国外诸多实证研究分析了社区分布的空间模式,以及构建了不同的社区类型。总体而言,收入和种族是国外社区分异的两个重要因素。国内的诸多实证研究也分析了社区分布的空间模式,以及构建了不同的社区类型。与北美等国相比,我国人口种族单一,但在收入、教育和城市化水平等方面存在较大差异。

社区分异理论可以追溯到经典的芝加哥学派的众多模型,如 Bourdieu (1985)的社会空间(social space)的概念、Shevky 和 Bell(1955)的社会区域分析、20 世纪 60 年代以来的因子生态(factorial ecology)分析、Kearsley(1983)的城市结构模型(model of urban structure)及 Marcuse(1989)碎裂城市(quartered city)模型等。

诸多研究分析了社区的多维特性及社区是如何随着时间而演化的,如芝加哥学派侵入-演替模型(Burgess,1925;Park,1952)和 Hoyt(1939)提出的过滤模型(filtering model)。这些模型探讨了社区在人口组成和土地利用等方面随时间的变化。近几十年来,一些社区演变的实证研究分析了社区分布的空间模式,以及构建了不同的社区类型(Hanlon et al.,2006;Kitchen et al.,2009;Morenoff et al.,1997;Mikelbank,2011)。例如,应用聚类分析对1970~1990 年芝加哥的 825 个人口普查区进行分析,Morenoff 等(1997)建构了包括 10 个变量在内的多维的邻里类型,研究分析了社区转变的路径,并记录了日益增加的空间极化等。Mikelbank(2011)用多维指标对克里夫兰大都市区的社区状况进行了分类,构建了五种类型的社区。Wei 和 Knox(2014,2015)对美国大都市及山麓地区的社区演变进行了系统的研究,并分别将其划分为多种不同的社区类型。

传统的社区演替模型逐步受到了后期新的有关社区变化研究的挑战,如绅士化(gentrification)等的研究揭示了在邻里中高收入居民取代较低收入居民的过程。这种过程具有振兴处于困境中的城市的潜力,尽管绅士化所导致的"替代性"(displacement)问题可能威胁到中低收入或少数族裔家庭等问题始终是绅士化过程主要关注的议题(Freeman,2005;Lees et al.,2008;Ley et al.,2008)。

国内诸多学者对我国城市社区的空间演变及社区分异等也进行了系统的分析。吴庆华(2011)对三个不同类型社区进行实地调查,分析了城市空间类隔离现象的内涵、成因、社会影响及破解路径,并提出空间隔离的三种形式(物质空间隔离、社会空间隔离、心理空间隔离)及其评价标准和适用范围。张纯和柴彦威(2009)研究了中国城市单位社区的空间演化,指出经济社会转型在社区层面上表现出一系列空间形态与土地利用的变化。单位空间的这种演化趋势反映了从行政指令到市场力量的权力交接。采用因子生态分析方法,付磊和唐子来(2008)对2000年上海外来人口社会空间结构的特征与趋势进行了研究。杨上广(2005)对上海社会空间结构演变进行了深入研究,分析了当代中国社会空间结构的重构与分异的演变趋势。王颖(2002)将上海社区归纳为五种类型,并研究了各类社区的区位分布和结构。李云等(2005)着重对上海郊区社会空间演化模式进行解构,并结合1982~2000年社会空间结构的比较分析,得出郊区社会空间演变的空间模式、发展方向和社会分异三方面趋势。

3.4 可达性与公平性

开放空间可达性与公平性的研究多起源于美国、英国和澳大利亚等国(Wolch et al.,2014),主要集中在如何测量开放空间尤其是公园和绿色空间等的可达性。开放空间潜在益处的实现依赖其地理可达性,因此对可达性的研究吸引了众多学者的目光。第二次世界大战后西方学者开始对城市公共服务设施分布的公平性、均等分配进行研究,到20世纪末,随着城市社会对公平、公正有了新的要求,学者更加关注公共服务设施的空间配置与不同社会群体之间的公平和公正。过去20年,绿色空间的不均衡也已成为重要的环境正义议题备受关注(Wolch et al.,2014)。鉴于开放空间可达性与健康、房价及社会福利等的关系,基于可达性测度的公平性成为发达国家近20年研究的热点问题之一(Tsou et al.,2005)。这一议题受到了广泛的关注,以至于可达性测度被采纳作为社会公平性的指示指标之一(Lucas,2012;Lucas et al.,

2012)。

西方学者较早地运用了 GIS 空间分析手段对绿色空间的可达性、公平性等方面进行了分析,相关研究比较成熟。例如,Lindsey 等(2001)运用 GIS 和空间分析手段,探讨了绿道可达的公平性。Tsou 等(2005)分析了公共服务设施,包括城市、社区和邻里公园可达性的空间公平性,指出满足公平性是城市规划师的首要任务。较多研究侧重可达性方法和技术的探讨(Higgs et al.,2012;Lotfi et al.,2009;Nicholls,2001;Talen et al.,1998;Tsou et al.,2005;Herzele et al.,2003;Zhang et al.,2011)。国内研究一般多采用统计、遥感(RS)和地理信息系统(GIS)等技术手段对可达性进行研究。

相关研究分别从单因子、多因子或综合指标等出发,分析了开放空间可达性是均等地还是不均等地在不同空间、种族或阶层等之间分布。开放空间的公平性主要表现为空间差异及社会经济差异两方面。

3.4.1　空间差异

不考虑人口的分布,相关研究表明可达性存在一定的空间差异。当然空间的差异性在一定程度上也反映了人群的空间分异。宏观层面讲,规模较大的大都市区及高度城市化的区域具有较好的公园空间可达性(Zhang et al.,2011)。Sister 等(2010)的研究表明,多数大都市区的内城和郊区内环是穷人和少数族裔等居住的地方,由于财政压力,这些区域只有有限的地方财政用于公园与开放空间的建设与管理维护。就中观区域内部空间而言,美国有色人种和低收入者多集中在城市核心或内环郊区,那里绿色空间相对缺乏或维护不善。富有的阶层多住在郊区边缘,那里绿色空间充足并维护良好(Heynen et al.,2006)。微观层面而言,Reyes 等(2014)的研究表明,在蒙特利尔岛(Montreal Island)中央商务区附近存在可达性相对较高的区域,但是儿童的公园可达性较高的区域多位于郊区。

近几年我国学者对于城市公共服务设施分布的公平性有了较高的关注度,但主要集中于对于城市公共服务设施分布的空间公平等方面。国内研究一般多采用问卷调查、统计、RS 和 GIS 等技术手段,对公园与开放空间可达性与公平性进行研究。从理论角度出发,江海燕等(2011)对西方城市公共服务公平性研究的理论、方法及趋势进行了综述,并总结了国外在公园绿地社会分异方面的研究成果,指出公园供给具有社会空间差异性和不平等性等问题,对开放空间均等化、公平规划等具有重要意义。

相比西方国家普遍存在的开放空间分布的空间差异性,我国的相关研究对可达性的空间差异性并未达成共识。针对有些城市的研究表明可达性水平总体上较高,空间布局总体上比较公平合理。以上海市为例,尹海伟和徐建刚(2009)运用最小邻近距离分析方法对研究区公园的空间可达性进行了定量评价,并结合上海市第五次人口普查数据资料,采用需求指数,分析了研究区各街道居民对城市公园的需求情况,在此基础上,采用定序变量相关分析和因子空间叠置分析两种方法定量测度了研究区公园布局的空间公平性程度。研究结果表明,研究区可达性水平总体上较高,超过一半的街道可达性水平较高,并且在街道水平上研究区公园空间布局总体上比较公平合理,可达性水平与需求指数呈显著相关,很高或高需求的街道70%左右均具有很好或较好的可达性。尹海伟等(2008)的其他相关研究也表明,高需求的街道一般具有较高的可达性水平,研究区在街道水平上绿地布局的空间公平性程度比较高,绿地空间布局比较合理,并尝试将表征城市绿地空间分布的可达性和公平性指标引入城市绿地的功能评价中。王茜(2015)利用可达性和空间自相关的方法,分析苏锡常地区公共休闲体育设施的空间公平性。研究结果表明,虽然体育场馆的空间公平性较低,但苏锡常地区开放空间的空间公平性较高。

针对有些城市的研究则反映出可达性的空间差异性。例如,运用高斯两步移动搜寻法,魏冶等(2014)对沈阳市绿地可达性进行了评价;结果表明,沈阳市绿地可达性空间格局十分不平衡,具有较强的空间极化特征。高军波等(2010)通过构建城市公共服务设施空间分布的综合公平指数模型,借助三维模拟和空间自相关分析技术,探讨广州城市公共服务设施分布的空间公平特征。研究结果表明,广州城市公共服务设施空间分布的综合公平程度较低,且总体综合公平水平低于大部分单类服务设施综合公平水平。

3.4.2 社会经济差异

开放空间可达性的社会经济差异是社会公平的重要体现。开放空间等不总是公平分布的,可达性多基于收入、种族、年龄、性别、能力等分层。对以上人群的综合研究表明,公园等绿色开放空间可达性与贫穷程度、城市化水平及人口的社会经济状况相关。公园及开放空间不仅与人口的社会经济地位相关,而且强化了这种社会差异(lara-valencia et al.，2015)。

(1) 弱势群体

弱势群体主要包括儿童、少数族裔、低收入者、老年人和残疾人等人群。诸多研究表明,弱势群体集中的区域对开放空间可达性的要求往往更为迫切。例如,针对不同年龄人群可达性的研究表明,儿童极大地受益于开放空间尤其是绿色空间,由于受到活动能力等的限制,儿童对可达性也更为敏感(Reyes et al.，2014)。Cutts 等(2009)分析了亚利桑那凤凰城影响公园可达性的社会与物理障碍,发现相比其他人群,儿童更加受益于绿色空间的可达性。江海燕等(2010)对广州市中心城区公园绿地使用的社会分异进行研究,发现低收入的中老年人和外来年轻打工者对公共绿地的使用频率显著高于高收入的中青年精英等群体。曾当等(2010)对广州市区公园游人特征进行抽样调查,认为外来务工人员增多和本地老年市民参与户外休闲锻炼次数增长是近年来广州市区公园使用人数增加的重要原因。国内外的其他研究也发现公园绿地等开放空间在弱势群体日常生活中的重要性,一方面由于不同人群的移动性、生理差别等在一定程度上造成可达性的差异,另一方面由于弱势群体等无法像高收入人群一样购买私人的休闲娱乐服务,如健身会所的会员等。诸多学者对弱势群体开放空间可达性与公平性进行了一定分析。例如,Church 等(2003)对包括绝对可达性在内的残疾人的多种可达性进行了分析。Talen 等(1998)对儿童游乐场的可达性在地理上是随机还是非随机等问题进行了系统性研究,指出非随机因素是导致儿童游乐场供给不公平性的主要原因。

(2) 收入与种族等

1) 国外相关研究

国外针对不同民族、种族和收入人群等可达性的众多研究表明,相比白人或高收入阶层,少数族裔与低收入阶层绿色空间或公园等开放空间可达性较差。针对种族差异的研究如：Gobster(2002)对芝加哥不同种族之间绿色空间使用模式和偏好进行分析,发现少数族裔比白人到达开放空间的距离要远,访问次数要少；Sister 等(2010)的研究表明,拉丁裔非裔美国人和低收入人群普遍喜欢居住在潜在拥挤程度较高的公园附近,而白人多居住在潜在拥挤水平较低的公园附近；应用 GIS 网络分析和定量分析,Comber 等(2008)对英国莱斯特市城市绿地的研究结果显示,印度教和锡克教的绿色空间可达性有限。

针对收入等可达性与公平性的研究颇多,多数对低收入者公园和绿色空间可达性的研究表明,低收入邻里的人均公园面积较低(Sister et al.,2010),公园可达性也较低(Wang et al.,2015)。例如,Heynen 等(2006)的研究发现绿色空间分布与收入呈明显的正相关关系,指出如果不认真考虑投资效果,那么绿色空间建设的得益者将是富裕阶层而不是社会经济底层的使用者。运用GIS 等技术手段,Lara-Valencia 等(2015)对位于墨西哥埃莫西约(Hermosillo)的公园可获性和可达性进行了分析,其研究显示公园等的分布存在空间不公平性,主要影响了贫穷社区的居民。

除了针对种族、收入等单一要素,对社会经济地位等多要素的综合分析表明可达性存在较为明显的社会经济差异。例如,Dai(2011)运用高斯两步移动搜寻法测量绿色空间可达性,并运用相关分析及回归分析来评价亚特兰大绿色空间的种族和社会经济差异。研究结果发现亚特兰大绿色空间的可达性并非均衡分布,非裔美国人及社会经济地位弱势群体聚集的地区,绿色空间可达性明显较低。Dai 的研究表明,较低的绿色空间可达性与黑人、女性户主家庭、贫穷人口、无车家庭等指标显著相关。Wolch 等(2005)的研究表明,相对于在洛杉矶的白人来说,低收入、贫困人口及有色人种聚集的地区公园可达性较低(公园服务半径区 0.25 mi)。Lindsey 等(2001)探讨了城市绿道的可达性和公平性,通过 GIS 分析普查数据和其他关于可达性的数据,来评价美国印第安纳波利斯市的城市绿道分布的公平性。研究结果表明,城市中的低收入人群和少数民族拥有较低的绿道可达性。

2)国内相关研究

国内对开放空间公平性的研究主要集中在空间公平性方面,少数对公平性的社会经济差异的研究可以概况为两方面:一是对城市开放空间的社会公平和公正绩效评价进行研究,二是对开放空间服务水平或可达性的社会经济差异进行分析。

基于社会公平的理念,唐子来和顾姝(2015)对上海市中心城区公共绿地分布的社会绩效评价方法进行研究。首先用基尼系数法对社会公平绩效进行总体评价,进而采用洛伦兹曲线的方法,显示公共绿地资源分布和常住人口分布之间仍然存在一定程度的不均等。继社会公平绩效评价的基尼系数法之后,唐子来和顾姝(2016)又提出了社会正义绩效评价的份额指数方法,由此形成城市基本公共服务设施分布的社会绩效评价体系。研究显示,在上海市中心城区公共绿地分布中,老龄群体享有公共绿地资源的份额指数略低于社会平均份额,而外来低收入群体享有公共绿地资源的份额指数略高于社会平均份额,总体而言,公共绿地分布的社会正义绩效处于合理区间。

国内个别学者对开放空间的社会经济差异进行了研究。江海燕等(2010)采用 GIS 网络分析与缓冲分析方法,研究广州公园绿地客观服务水平在街道尺度的空间差异特征和社会公平性。通过对广州中心城居民问卷调查表明公园绿地的分布存在空间上的不均衡性。结合街道人口,社会经济地位的进一步研究得到,居民本地化水平与社会经济地位越高,对公园绿地实际享有的程度越高。根据研究结果,提出政府在公园绿地的规划和管理上应从更新评价指标体系和方法、改善公园可达条件、建立统一统计和管理考核体系及利用税收杠杆等措施提高绿地供给的效率和公平。张景秋等(2007)采用问卷调查法和实地调查法,对北京中心城区公共开敞空间社会分异研究表明,北京中心城区的公共开敞空间分布不均,同时不同社会属性的人群在利用公共开敞空间上存在较为明显的差异。

3.4.3　小结

由于受到不同的社会文化影响,东西方国家开放空间可达性与公平性之间存在较大差异。总体而言,国外对开放空间规划及其公平性的研究技术手段趋于成熟,对公平性的研究成果颇丰。目前的研究多针对西方国家的案例,西方国家内部开放空间可达性与公平性普遍存在一定程度的差异性。我国开放空间的可达性与公平性研究结果一般呈现多样性,空间公平与社会公平都存在多种可能的结果。

与环境正义假说不同,有些西方的研究结果表明,弱势群体所在的区域具有较高的服务设施可达性,而有些高收入等群体聚集的地方可达性较低。例如,Talen(1997)发现在科罗拉多州的 Pueblo,低房价及西班牙人比例较高的区域公园可达性较低,但她也同时发现相反的趋势,即在佐治亚州的梅肯(Macon, Georgia),高收入者聚集的地方也具有较低的公园可达性。Tarrant等(1999)分析了北格鲁吉亚查塔国家森林公园(Chattahoochee National Forest in North Georgia)1 500 m(约 1 mi)内人口的社会经济特征,发现低收入家庭比例较高的人口普查地块更接近当地较为理想的开放空间土地用途。Nicholls(2001)对得克萨斯州布莱恩(Bryan)的研究,及 Lindsey 等(2001)对印第安纳州印第安纳波利斯(Indianapolis, Indiana)城市绿道的研究都表明,少数民族或低收入人群在这些资源可达性等方面并非处于劣势。Smoyer-Tomic 等（2004）在对加拿大埃德蒙顿（Edmonton）儿童游乐场空间公平性分析也发现了类似的结果。

　　虽然国外西方发达国家众多的研究表明开放空间的社会经济差异或空间差异普遍存在，但个别针对其他国家的研究表明，不同等级社会经济阶层的邻里对各类开放空间拥有的数量和面积基本没有差异（King et al.，2015）或空间差异不明显。例如，Kyushik Oh 等（2007）通过 GIS 网络分析的方法，对韩国首尔城市公园的步行可达性和公园的服务水平进行评价。通过公园的服务面积、服务人口比例、服务面积比等指标对城市公园的分布水平进行评价，结果表明，首尔城市公园可达程度基本均等。以德黑兰市为例，伊朗学者的研究表明，由于较为贫穷的家庭通常利用最近的设施以避免交通成本，而高收入群体更喜欢远距离的出行，以避免拥挤的公园或其他设施，所以较低社会经济水平的邻里具有更高的可达性（Shanahan et al.，2014）。

3.5　规划设计对策研究

　　针对开放空间规划对策的研究主要是从微观角度关注弱势群体尤其是儿童和老年人活动需求的同时，提出开放空间物质环境的规划设计策略。针对儿童的开放空间设计对策主要出于安全等角度，如钟乐等（2016）对发达国家儿童开放空间安全性等相关研究进行综述，将其总结为萌芽、起步、发展、成熟和飞跃等几个阶段，并指出其研究的多元化及人性化对我国儿童城市开放空间规划设计具有重要的借鉴意义。

　　更多的研究针对老年群体的特殊需求提出开放空间规划设计对策。程晓青等（2001）从我国老年人社会发展状况及对于居住空间的各种需求出发，对老年人住宅社区的公共空间进行研究和探索性设计，为我国老龄社会住宅公共活动空间设计提供相应的参考。王江萍（2009）在《老人居住外环境规划与设计》中系统地研究了老年人居住外环境规划与设计的理论和方法，建立了相应的规划设计体系。张亚萍等（2004）在对老年人生理、心理和所处社会环境分析的基础上，对老年人的活动进行分类，总结出为老年人设计户外活动空间的原则，进而提出老年人户外活动空间设计的内容、要求及绿化设计、硬质设计应注意的问题。通过对某一小区老年人活动场地改造设计的前期调查，结合环境行为与心理学原理和实地调查的结果,林勇强等(2002)探讨了老年人的休闲行为特点与其室外活动场地的关系,力图找出指导老年人室外活动场地规划设计的规律。

在分析老年人需求与开放空间公平性的基础上,有些学者提出了适老开放空间对策。例如,李小云(2014)对社区老年服务设施进行了深入的研究,并着重提出针对户外开放空间的服务规划策略和物质环境规划策略。柴彦威等(2002)将时间地理学的方法引入对老龄化问题的研究中,探索城市内部结构与老龄居民活动互动的一般规律,提出城市建设中老年人休闲活动空间的各种对策。还有一些学者从旧住宅公共活动空间更新的视角提出相应的对策。例如,谷鲁(2010)从老年人的角度出发,总结出了适宜老年人使用的公共活动空间的基本特征,探讨了旧住宅区公共活动空间更新理论及方法,使更新后的旧住宅区公共活动空间可以充分兼顾老年人的使用要求。楼瑛浩等总结与归纳"街坊型"社区养老存在的突出问题,并从社区环境的宏观层面及空间节点的微观层面建立相应的适老化更新营建导则,以引导"街坊型"社区公共空间更新的策略与方法。金星(2013)通过调查研究20世纪八九十年代、21世纪建设社区的不同养老需求,发掘社区中的闲置空间和不合理使用空间,并结合厦门的地域性特点,利用改造的手段整合社区资源,服务于养老。

3.6　小结

国内外众多研究从各自独特的视角分别对开放空间、规划控制、社区分异、可达性及公平性等问题作了系统性的分析。总体而言,国际上对开放空间的相关研究趋于成熟,研究成果颇丰。国内对开放空间的相关研究处于起步阶段,对开放空间规划的探讨或强调空间的社会维度,或侧重于开放空间的物质层面;大量研究仍停留在定性的理论探讨或政策层面,缺乏明确的理论与技术支持,研究的理论与方法体系还不健全,缺乏对开放空间理论体系及发展趋势定量和深入的研究。

对开放空间规划的研究更多地着眼于微观层面城市设计方面,缺乏从宏观和中观层面对开放空间规划的探讨。很多研究也指出开放空间对于解决社会诸多问题及创建和谐社区的积极作用,但这些研究仅仅停留在定性的描述和讨论层面,而对在规划领域如何实现这些目标,采用何种方法很少论述。虽然少数研究强调了应基于不同社区属性和居民的需求变化进行规划控制,但是并没有定量地和深入地分析社区分异如何影响开放空间的配置,以及开放空间如何适应社区分异之间的关系等重要议题。尽管部分的研究涉及开放空间规划控制方法和定量标准的某些内容,但并没有对开放空间专项规划体系及规划方法进行系统的分析。开放空间规划仍缺乏必要的理论指导与概念框架。如何构建开放空间规划控制体系,在开放空间专项规划制定过程中应该采用哪些方法,定量标准的选取与制定等采用何种方法等问题依然没有得到有效解答。

在开放空间公平性研究方面,国内专门针对开放空间公平性的研究多从"均质空间"和"均质人群"的角度出发,没有对公平性进行深入的分析和探讨,也没有对开放空间如何适应分异变化的社会带来的挑战等重要议题进行深入分析。研究主要集中于空间公平的阶段,通过数理分析和 GIS 空间分析手段,对开放空间分布的均衡度进行研究,而对于开放空间与不同社会群体之间的关系研究较少。因此,对我国开放空间分布是否存在空间及社会经济的不公平性,以及如何在社区分异视域下对开放空间进行合理的规划布局等重要议题仍有待深入探讨。

第4章

开放空间规划发展历程

城市发展初期,住区多被自然的开放空间所限定。此时如矩阵结构的开放空间构成城市空间结构的主体,在城市区域范围内广泛分布。随着人口的增加和技术水平的提高,城市开发进程加快,开放空间最终在工业化过程中逐渐被侵蚀。此时工业、商业和城市建成环境形成城市空间结构的主体,而原有的开放空间逐渐减少,联系性减弱,最终在城市扩张中退化为零星的公园、花园、广场、市场或墓地等(Ignatieva et al.,2011)。

近几十年来,出于美观、健康、休闲娱乐、生态保护或避难等目的,人们逐渐意识到开放空间的价值,开放空间规划与建设也受到广泛的重视。学者从多种视角对不同国家或地区的开放空间规划发展进行阐释,这些认识既反映了人们对开放空间价值理解的深化,也从不同侧面加深了对开放空间规划发展历程的认识。

针对国外开放空间规划发展进程,张虹鸥等(2007)将其分为4个阶段:① 注重美学价值的城市开放空间探索阶段;② 以城市绿地建设为主的开放空间形成阶段;③ 考虑到环境保护要求的城市开放空间发展阶段;④ 结合城市生态学、历史价值保护等多元价值观的开放空间成熟阶段。

欧洲城市开放空间历史悠久。从社会文化角度出发,张京祥等(2004)将欧洲城市开放空间规划分为四个时期:① 1860~1900年,以城市环境与美化运动为主要推动力的开放空间建设时期;② 1900年~二战前,以环境保护为主要推动力的开放空间发展时期;③ 二战后~1980年,以多种因素为推动力的开放空间发展时期;④ 1990年以来,经济全球化、文化多元化、社会群落马赛克化的开敞空间发展时期。Turner(1992)通过对1925~1992年伦敦开放空间规划的研究,将开放空间发展历程总结为如下阶段:开放空间标准(1925~1976年),绿带公园系统(1944~),公园等级(1976~),自然保护(1983~)和绿链(1980~),一直到20世纪90年代的绿色战略。

针对美国城市开放空间演变,吴承照等(2009)提出1630~2000年的美国城市开放空间演变的两个转折点:第一个转折点是19世纪六七十年代,开放空间从小而分散化、以美化装饰为特征、功能较为单一的形式,向以线性或带状连续、面积较大、区域系统为特征、功能多样性转变;第二个转折点是20世纪六七十年代,随着区域规划与生态学的兴起,户外游憩运动、开放空间基金及发展管制策略等一系列新举措的实施,社会与土地开发思想变革逐渐对开放空间产生深刻的影响。针对美国公园发展历史,Cranz(1982)提出了四阶段模型。① 游憩园(The Pleasure Ground),大致从 1850 年到 1900 年。典型的游憩园多是采用奥姆斯特德(Frederick Olmsted)倡导的模拟自然或乡村风格的田园景观理念的大型公园。游憩园通常是位于工人阶级等无法到达的城市边缘,多为富裕阶层服务。② 改良公园(The Reform Park),1900~1930 年的改良公园阶段包括两个并存的运动:一是持续时间较短的小公园运动(The Small Park Movement),主要是将游憩园的田园景观原则应用到与工人阶级住区接近的小型公园的规划建设中;另一个是游乐场运动(The Playground Movement),倡导为儿童提供远离街道的安全的游乐场所。这两项运动分别为工人阶级以及儿童提供了专门的游乐环境,但面积较小。由于此阶段规划师试图通过公园建设推动城市社会改革、促进移民的融合,因此称为改良公园阶段。③ 游憩设施(The Recreation Facility),1930~1965 年的游憩设施阶段更多关注游憩设施而非具有艺术审美的公园的建设,强调体育场地、器械和有组织的活动,并成为公园和社会改良目标之间的纽带。④ 开放空间系统(The Open Space System),1965 年至今,该阶段认为所有的开放空间都具有游憩价值,倡导将分散的小型公园游乐场等联系起来,构成城市的开放空间系统。在此四个阶段的基础上,Cranz 提出了未来公园可持续发展的第五阶段。

基于不同学者对开放空间规划发展历程的描述,本章将开放空间的发展历程归纳为从最初的独立分散的公园建设,到开放空间及开放空间系统的发展过程,历经公园运动、游乐场运动、游憩运动,逐渐完成了从机会主义的自由发展模式到定量化的空间标准模式再到空间系统的转变过程。

4.1 早期公园建设

开放空间的概念可以追溯到古代两河流域,开放空间由穿插的林地、葡萄园和池塘构成,具有设计良好的步道系统,并强调维持自然美学。但这种用于审美欣赏的开放空间只限于执政者和贵族使用。

欧洲城市开放空间发展历史悠久,并对现代公园的发展具有重要影响。最早的绿色空间设计可以追溯到 16 世纪,法国的亨利四世(Henry IV)为了改善巴黎的外观和公共卫生状况,建造包括广场、花园和林荫道等在内的诸多绿色公共空间。13～17 世纪俄国的城市规划多采用在城市边界内规划城市绿地的方式,以保持独特的"乡村"特性,使私人住宅能邻近花园、教堂能与开放空间毗邻。

横跨欧洲和西方许多城市的开放空间始于 17～18 世纪的伦敦,伦敦一直是全世界最绿色的首都城市之一。具有铺地的公共广场为最早的城市开放空间形式,最终在 18 世纪末期被改造成为私人花园。也正是在这一时期,这些私人花园变成了以乡村自然野生状态为蓝本的城市绿色口袋公园。17 世纪巴黎的林荫大道为许多欧洲和后来新大陆的城市规划提供了灵感。18 世纪欧洲巴洛克式城市规划原则将绿色开放空间(首先是贵族的私家花园和林荫大道)视为巴洛克式壮丽城市景观的重要组成部分,强调作为视觉连续性的轴线和景观的创造,如由丰塔纳(Domenico Fontana)专为教皇西斯五世设计的罗马"城市更新"规划(1585～1590 年)显示出对轴线组织的强烈偏好(Ignatieva et al.,2011)。在 19 世纪,英国各地众多的人口由乡村迁移到城市,因此,对开放空间的需求就变得不仅在社会上而且在政治上更为紧迫。第一个扭转公园私有化趋势的是英格兰的皇家公园(Royal Parks),虽然当时的公共公园还存在过度拥挤或肮脏等问题。

美国早期城市公园建设的历史可以追溯到 1634 年在波士顿市中心创建的波士顿公园(Boston Common)和 1640 年制定的保护该地区不受进一步蚕食的相关法案。在同一时期,90 000 acre 的天然水体由马萨诸塞属地预留供钓鱼和狩猎水禽之用。美国第一个城市开放空间长期规划是由宾夕法尼亚属地创始人威廉·佩恩(William Penn)和他的测量总监托马斯·霍姆(Thomas Holme)设计。受欧洲开放式空间设计影响最明显的例子是皮埃尔朗方(Pierre L'Enfant)(1754～1825 年)设计的联邦首都华盛顿特区(Wilkinson,1983)。

4.2　公园运动

19 世纪工业时代伴随着诸多城市问题的产生,通过引入作为绿色开放空间重要组成部分的公共公园,城市规划试图解决与城市环境与居民健康等相关的一系列城市问题。19 世纪中叶发端于美国的城市公园运动引领了现代城市公园的建设浪潮(骆天庆,2013)。

纽约中央公园的规划建设带动了美国 19 世纪晚期～20 世纪早期的公园发展。《纽约邮报》的编辑威廉科比（William Cullen Bryant）是呼吁公共公园发展的主要人物。早在 1836 年，他已经提出在纽约主要区域预留土地作为公共公园的想法。1857 年，弗雷德里克·奥姆斯特德（Frederick Law Olmsted）（1822～1903 年）被任命为中央公园负责人。奥姆斯特德与英国建筑师沃克斯（Calvert Vaux）在 1858 年合作完成的中央公园规划可以说是公园运动的开端。设计者希望通过大型公园的建设为快速发展的城市带来自然气息，为城市居民提供室外游憩机会（刘滨谊等，2001）。许多公园和游憩规划的概念纳入该规划，如规划需提供满足人类需求的机会、自然美学和环境感知、游憩规划必须反映管理要求等。奥姆斯特德将英国自然风格作为美国城市公园设计的基础，从而使位于城市中心的中央公园与美国城市生活形成鲜明对比。

城市公园运动很快扩展到美国各大主要城市，到 1880 年，美国 200 个城市中，有 90％以上建立了公园。19 世纪的公园规划时期，公园建设多以郊区大面积自然景观的游憩园为主要特征，城市蔓延使得这些郊野公园逐步被城市扩张所包围，形成大型区域公园（Cranz，1982）。该阶段不仅形成了大批的城市公园和保护区，也是国家公园开始规划建设的时期。美国逐渐意识到保护自然与文化资源的重要性，国家公园成为政府为保留自然与保护特定地域不受人类发展的影响而划定的特定区域，通常由政府拥有。国家公园（national park）一词最早于 1832 年由美国艺术家乔治·卡特林（George Catlin）首先提出，希望通过建设国家公园的方式保护印第安文明、野生动植物和荒野的原生状态和自然之美。1872 年，美国建立了世界上第一个国家公园——黄石公园。与城市公园和州立公园相比，国家公园更倾向于资源管理。目前美国国家公园局管理着国家公园、纪念地、历史地段、风景路、休闲地等多种类型组成的国家公园体系。其后，国家公园的概念被世界多国采用，逐渐变成一项国际性运动，世界 124 个国家已建立 2 600 多个国家公园，占全球总面积的 2.6％（王保忠等，2005）。

4.3 社区公园

19 世纪末 20 世纪初期，美国的公园建设由大型郊野公园建设转向中小型社区公园建设阶段,旨在为大众提供社交与活动的场所、重构美国社会文化、增强社区凝聚力(Cranz,1982)。从 19 世纪末到 1965 年左右,先后或同时经历了小公园运动、游乐场运动和游憩运动。

（1）小公园运动

小公园运动(the Small Park Movement)开始于 19 世纪最末期,仅仅持续约十年左右的时间。主要是将游憩园的田园景观原则应用到与工人阶级住区接近的小型公园的规划建设中,并为穷人提供了位于公园中称之为"field house"的俱乐部。这些公园通常不超过四个街区的面积,甚至有些只有一个街区大小(Cranz,1982)。

（2）游乐场运动

美国 19 世纪末到 20 世纪初的游乐场运动(The American Playground Movement)旨在为儿童提供远离街道的安全的游乐场所。最早可追溯到印第安纳由英国空想社会主义者罗伯特·欧文(Robert Owen)在 1820 年创建的新和谐村的实验。基于裴斯泰洛齐(Pestalozzi)和福禄贝尔(Froebel)先进的教育理论,美国第一个幼儿园在这里成立。美国学校的游乐条件和游乐场是基于欧洲理念建立的,就像它们的学术课程设置一样(Wilkinson, 1983)。

正如让美国人在 19 世纪接受公立小学和中学的教育的理念一样,在美国学校设置供儿童游乐的区域也是一个令人难以置信的缓慢和艰难的过程。当时教师和家长一致认为游乐场娱乐是浪费时间,美国学校很少或根本没有开放空间,只有少量用于集合和行进到教室的空间。游乐场运动是由激进的官员、社会工作者和教育工作者发起的。第一个正式的游乐场于 1862 年在波士顿地区建立,由私人发起并资助的项目。到 1889 年,游乐场运动由私人转向公共支持。到 1900 年,其他城市也陆续建立了游乐场,如费城、布鲁克林、巴尔的摩、芝加哥、纽瓦克、波特兰、纽约和丹佛等。这些游乐场是由城市或学校当局负责建设的。一般有三种比较典型的游乐设施,包括传统的设施如秋千滑梯等,创造性的设施如用木材或轮胎等材料形成的设施,以及冒险的设施如搭建城堡或水上设施等。

（3）游憩运动

对休闲娱乐的日渐重视导致了从"游乐场"到为所有年龄段提供游乐机会的公园的转变。这类公园的发展标志着从早期的游乐场运动到更广泛的游憩运动(The American Recreation Movement)的转变。该阶段开放空间规划的重点是通过经济适用的室内外活动和运动场所等游憩设施地建设,满足各年龄层次居民的游憩活动需求(Cranz,1982)。

成立于 1906 年的美国游乐场协会(the Playground Association of America)于 1911 年更名为游乐场和游憩协会(Playground and Recreation Association),并于 1930 年再次更名为国家游憩协会(the National Recreation Association)。这些变化都表明儿童游乐场重要性的相对减弱,是 20 世纪初游憩运动和游乐场运动分野的开始。随后经济大萧条的 25 年,美国基本没有关于游乐场及游憩的相关文献。第二次世界大战期间,休闲娱乐更多强调对士兵、产业工人及民心士气的价值,工会也第一次参与到游憩运动中来。其后,随着人们收入的提高、休闲时间的增加及个人流动性的提高,人们对休闲娱乐活动的参与显著增加。

4.4　空间标准模式

随着工业城市在美国的增长,许多城市出现了无计划蔓延、土地投机、贫民窟泛滥、交通拥堵,以及缺乏学校、公园、污水处理等社区设施。直到 19 世纪后期及社会改革运动,城市规划以及作为其子集的游憩规划,才真正预示着现代意义上城市开放空间规划概念的产生。20 世纪,虽然城市公园、国家公园和保护区的建立还在持续,但是开放空间规划(open space plan)开始在这一时期占据主导地位。在美国,各层次不同规模的开放空间规划都受到了联邦政府机构的大力支持。几乎所有美国城市或区域的空间规划都将开放空间保护作为土地利用规划或条例的重要组成部分(Erickson,2006)。

困扰规划师几十年的问题是,城市需要多少开放空间? 何种类型的开放空间? 在哪里设置开放空间? 这些问题都涉及社会、经济、人口、生态等多方面的复杂问题。规划师一般采取以下方法:在进行初步分析研究的基础上,规划师针对特定城市提出一系列的标准;或采纳其他城市政府或专业组织提出的标准。

在欧洲,19 世纪伦敦空间规划是最早应用空间标准模式(space standards model)的实例。恩温(Unwin)爵士确定了开放空间和使用人口之间的数量平衡,并明确了特定人群需要开放空间的最低标准。早在 1925 年,英国国家运动场协会(NPFA)[现更名为(Fields in Trust 或 FIT)]就提出了每千人 1.6 公顷的户外运动标准,在 1938 年提出每千人 2.4 公顷的运动与儿童活动空间复合标准。如自然英格兰(English Nature)[现更名为(Natural England)]提出可达的自然绿色空间标准(Accessible Natural Green Space Standards,ANGST),将绿色空间分为四个等级,提出每千人 2 公顷的自然绿色空间标准(Comber et al.,2008)。

在美国,开放空间规划标准起源可以追溯到 19 世纪 90 年代及游憩运动初期。游憩运动的发起人之一 Curtis(1910)进行了最早的游憩需求调查,调查结果显示,什么是充分的设施也许无法准确测度,但它们一定是在想要参加的儿童的步行距离之内。到 1910 年,一些针对儿童游乐场的标准陆续产生,如设施的概念、服务半径和邻里设施大致尺寸等。1928 年,游乐场与游憩协会采取了一系列 Butler(1928)在他的书中制定的标准。虽然这些标准并没有严格计算依据,但是 1/4 mi 的服务半径在后来的 50 年被无条件地继续使用。鉴于以往过低的标准,美国国家游憩协会 NRA(现美国国家游憩与公园协会 NRPA,U. S. National Recreation and Park Association)在 1934 年出台了一系列基本上使用至今的游乐场标准。这些标准的假设如下:低密度、独立式别墅、白人、中产阶级社区、围绕着 600 名儿童的小学;最大程度地让所有儿童利用该设施。这些假设不同于以往完全基于儿童人数的方法,而是针对所有居住人口采用 1 acre/1 000 人的邻里游乐场的千人标准。这个标准在 20 世纪 30 年代为美国众多社区广泛接受也主要是因为没有更多选择。

除了早期针对儿童游乐场的标准外,在 20 世纪初,美国国家游憩协会针对公园的规划建设制定了每千人 10 acre(约 4.05 hm²)的千人指标,并进一步按照邻里、地区及城市公园分级控制,或按照儿童活动场地、运动场地及非正式游憩场地三种类型控制。美国国家游憩与公园协会 NRPA 在 20 世纪 80 年代初发表的准则中设置了城市区域每千人 6～10 acre(约2.4～4 hm²)的标准(Sister et al.,2010),区域公园 15～20 acre(约 6～8 hm²)的千人标准。

直至今日,这些标准只略微修改,也极大地影响了其他国家的相关标准。例如,多数加拿大社区使用美国国家游憩及公园协会的标准,很少或根本没有修改。当然,这些标准在以往的年份也进行过适当的调整。为了体现其越来越重视家庭娱乐的理念,在1948年,将原有的1 acre/1 000人游乐场的面积标准修改为每1 acre/800人的邻里公园标准。

由于国家标准或依据规划师和地方经验制定的千人指标被认为较缺乏科学的依据,因此受到了一定的质疑。如NPFA1925年标准是基于可能参与户外活动的人口占总人口比例估算而来的,从某种意义上来讲是一种基于需求的方法,但其对参与活动人口的估算并非建立在调查数据的基础上,且没有给出户外运动空间的面积与人口数量之间合理的解释。澳大利亚新南威尔士开放空间规划规定每千人2.83 hm² 是基于英国20世纪初制定的标准。虽然这些千人指标设置的基础比较主观,但仍得到了广泛采用。从20世纪40年代开始,澳大利亚一直沿用每千人2.83 hm²的开放空间国家标准。

尽管这些标准缺乏足够的科学依据,但由于不需要对复杂的社会、经济、生态等系统进行分析,也不需要对场地特征等进行考虑,实施简单,所以作为开放空间规划的方法被世界许多国家使用。Burton(1976)认为,"标准也许是比较一个城市或社区与其他城市或社区现有的游憩资源机会的唯一可行办法。"标准也提供了一个简单的方法进行规划,从而有利于缺乏专业规划知识的小城市,或财政预算资金不足的城市。他提出在普遍标准的基础上,构建基于社区的特定标准,以符合当地居民的愿望、特点、物质和经济资源或其他限制。考虑社区居民的年龄、性别、社会经济地位、居住密度等,但所有上面提到的社会人口变量中,年龄结构是在社区的具体标准的制定方面最为重要的因素。

4.5 开放空间系统

开放空间是城市巨系统中相互依赖、相互影响的重要因素之一,不能脱离周围环境单独讨论。开放空间不仅是城市系统的组成部分,其本身也应视作一个连续系统,多种形式的开放空间系统应作为在城市工作生活的重要功能,而不是在其他功能得到满足后所剩余的空间。通过线性开放空间将公园等开放空间联系起来,形成有机联系的开放空间系统是普遍采用的做法。

开放空间联系可以通过公园道、绿带和绿道等多种形式,但各种类型又不能截然分开。正如 Abercrombie 所述"所有形式的开放空间应当被视为一个整体,形成由公园道紧密联系的公园系统;城镇居民从家门到开放的乡村可以利用简单的开放空间流线,从花园到公园,从公园到公园道,从公园道到绿楔,从绿楔到绿带……连接道路的巨大优势在于其拓展了大型开放空间的影响半径,并将其引入与周围环境更紧密的关系中去。"

4.5.1　公园道

19 世纪末,奥姆斯特德(Frederick Law Olmsted)提出了公园道(parkway)的概念,旨在通过林荫大道、人行道等将不同的城市公园联系起来,将自然重新引入城市。美国首个公园道是 1866 年由景观建筑师奥姆斯特德和沃克斯(Calvert Vaux)构思的纽约东部公园道(Eastern Parkway),这也是世界上首个公园道(Landmarks Preservation Commission,1978)。

在不断发展的 20 世纪,公园道的设计旨在提供令人愉悦的柔和曲线和低速环境舒适驾驶的道路。在视觉上,它们是乡村的自然组成部分。公园道一般足够宽,以容纳交通和其他的游憩特性。例如,1923 年完成的 15 mi 长的纽约市原布朗克斯河公园道(Bronx River Parkway),是美国的第一个真正意义上的公园道。第一次世界大战后,这个具有一系列鲜明特征的公园道的完成标志着现代公园道的产生(Erickson,2006)。20 世纪 30 年代,作为美国新政的一部分,联邦政府建设了用于休闲驾驶或纪念历史悠久的路径和路线的国家公园道系统,如由平民保护军团(CCC)在北卡罗来纳州和弗吉尼亚州的阿巴拉契亚山脉建设的蓝岭公园道(Blue Ridge Parkway)。20 世纪 30 年代以来,公园道已广泛建设,并由国家公园管理局(National Park Service)进行管理与维护。

诸多城市和地区陆续建立了公园道系统,如纽约州布法罗市(Buffalo)及加州河滨市(Riverside)的公园与公园道系统、伊利诺伊州芝加哥(Chicago)的公园系统、波士顿(Boston)的翡翠项链(Emerald Necklace),以及丹佛(Denver)和波特兰(Portland)的公园道系统等。

公园道具有整合娱乐和休憩功能的巨大潜力,提供公园内或公园间联系的,用于观景或休闲的道路,主要供游憩车辆的行驶,卡车或其他重型车辆不得驶入。但美国许多州的公园道也指有进入限制的高速公路。在加拿大,很多道路以公园道命名,包括通过国家公园的主要道路、景区道路、主要城市街道,甚至是允许商业车辆进入的普通高速公路。这些并不能算作真正意义上的公园道。

公园道运动(Parkway Movement)是与城市美化运动(City Beautiful Movement)紧密联系的,两者都显示出对林荫道系统、具有英雄式的雕塑及贵族建筑的公共绿色空间的重视,以及对以自然景观占主导地位的公园系统的偏好。1890年代和1900年代美国的城市美化运动强调要为公众提供可以到达并受益于城市开放空间的良好机会。政府对游憩兴趣的日益增加反映了从1915年到20世纪30年代初从城市美化运动到城市实践运动(The City Practical Movement)的转变。重点转移到公共服务改善、区划、流通及运输等方面。在此期间,规划作为一个特定的政府功能由独立的政府机构来承担。对规划的重视引发了对公园、游憩规划和设计导则的探寻。

4.5.2 绿带

绿带(greenbelt)是指在城市周围留存农业或自然区域,该模式是为了应对始于19世纪末20世纪初城市增长失控而产生的,其目的在于控制城市无序蔓延。19世纪末英国及20世纪30年代俄国的花园城市运动(The Garden City Movement)最初是以社会主义方式创造新城的尝试,关注社会及哲学因素。花园城市通常由一定数量的公共土地和私人拥有的土地构成,其土地开发受到一定的限制。花园城市运动的主要成果之一就是规划的绿色区域以及城市、乡村和自然景观之间的连接性。模型引入绿带和环状绿色开放空间,将其作为环绕城市并与乡村隔离的绿色空间区域;精心布置绿地和休闲娱乐设施,目的是让所有居民都有平等的机会到达绿地,以实现新一代住区及健康居民的目标。为了创造舒适的生活环境,促进居民创造性的活动及最大限度地保护生态环境资源,在1917~1991年的苏联,花园城市的概念被进一步发展为科学城(Science Towns)和生态城市(Ecopolis)(Ignatieva et al., 2011)。英国政府一直沿用绿带的方式阻止大城市的无序扩张。20世纪40年代艾伯克龙比(Abercrombie)编制的大伦敦规划采用了绿带的规划理念,构成首都城市最杰出的开放空间规划之一。20世纪90年代,柏林与勃兰登堡(Berlin and Brandenburg)联合空间规划部(The Joint Spatial Planning Department)在德国首都柏林周边规划了一系列的区域公园,占地2 800 km²的八个不同的公园形成了环柏林绿带(图4-1)。

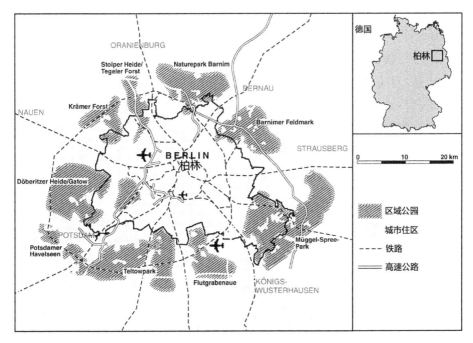

图 4-1　柏林周边区域公园绿带系统
资料来源：Kühn，2003

　　许多城市采纳了绿带的理念，如加拿大的渥太华（Ottawa）、俄罗斯的圣彼得堡（St. Petersburg）、美国俄勒冈州的波特兰（Portland）、澳大利亚的阿德莱德（Adelaide）、英国的米尔顿凯恩斯（Milton Keynes）和其他新城，以及新西兰的但尼丁（Dunedin）等。

　　与绿道和公园道相比，绿带是通过保护城市或城镇周边大片自然的或未开发的土地，通常是环城的森林或农业用地，以控制城市增长。如在英国，作为战略规划和土地利用政策的重要内容，绿带被用于遏制城市无限制蔓延，防止邻近城镇的合并，帮助保护乡村，保存历史价值，促进城市再生。后期的绿带等概念则成为包含几乎所有绿色空间在内的更为广泛的概念，如林地、湿地、农场、公园、林荫道、河流、运河、高速公路或铁路等。

　　绿带较少受河流或其他自然地形结构的限制，往往采用环状围绕城市区域。在某些情况下，形式是相当武断的。尽管绿带起到了一定的其他作用，如作为为附近居民提供开放空间的机制之一，但许多分析认为绿带并没有有效遏制城市蔓延或保护自然特性，很多早期的绿带变成了城市开发用地，绿带外围也新建了诸多城市开发项目(Erickson,2006),如加拿大渥太华的环城绿带外围新建了诸多社区和其他城市开发项目。

也有些城市发展了绿楔(green wedges)或绿指(green fingers)等概念,如赫尔辛基(Helsinki)、哥本哈根(Copenhagen)以及斯德哥尔摩(Stockholm)等。亚洲许多城市也采用了绿带和绿楔等概念,如北京、上海、首尔等(Ignatieva et al.,2011)。绿带的方法多用于分隔单中心城市与其周边的乡村地带,而绿心(green heart)的方法适用于多中心城市区域(Kühn,2003),如最早出现在荷兰的兰德斯塔(Dutch Randstad)地区的绿心(图4-2)。

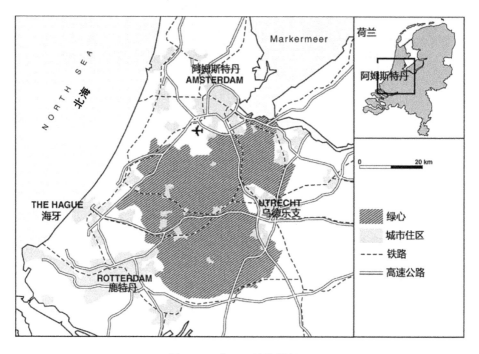

图4-2 荷兰兰德斯塔绿心
资料来源:Kühn,2003

4.5.3 绿道

(1) 概念

绿道(greenway)的概念内涵较广,在不同的环境下有不同的含义,一般指各种线性开敞空间的总称。利特尔(Little,1990)将绿道定义为将人口密集地区与公园、自然保护区、文化特征、历史遗迹等联系起来的线性开放空间。绿道这一概念被查尔斯·利特尔（Charles Little）归功于怀特（William H. White）1959 年出版的专著《保护美国城市的开放空间》（Securing Open Space for Urban America）。利特尔（Little，1990）在《美国绿道》（Greenways for America）一书中将以下几种类型的线性开放空间都界定为绿道的范畴：沿自然廊道（如河滨、溪谷、山脊、运河、景观道或其他线路）的线性开放空间，任何自然或人工的步行或自行车景观线路，联系公园、自然保护区、历史名胜和文化遗迹及居住地之间的开放空间纽带，或地方层面作为公园道或绿带的特定的带状或线性公园。并将绿道分为城市滨水绿道（urban riverside greenways）、游憩绿道（recreational greenways）、风景名胜线路（scenic and historic routes）、具有显著生态意义的自然走廊（ecologically significant natural corridors）和综合的绿带系统或网络（comprehensive greenway systems or networks）等几种类型。

（2）起源与发展

20 世纪 90 年代，绿道运动（Greenway Movement）在美国和加拿大兴起，在一些欧洲国家将其称为绿色走廊运动（Green Corridors）。霍华德花园城市中绿带的概念以及奥姆斯特的公园道概念被认为是 20 世纪绿道概念的起源。

绿道的根源可以追溯到 19 世纪欧洲城市改造中的景观轴线和林荫大道，其主要功能是作为城市轴线为市民提供休闲和景观享受。美国第一个经过规划并建设完成的多功能走廊是 19 世纪 80 年代由奥姆斯特德（Frederick Law Olmsted）等规划并于 1881 年始建的波士顿的"翡翠项链"公园系统（the Emerald Necklace in Boston）。奥姆斯特德也因此被称为绿道运动之父。翡翠项链通过林荫大道将城市公园联系起来，由 16 km 长的水道和 9 个部分组成开放空间系列，形成一条呈带状分布的城市公园系统，像一条祖母绿翡翠项链环绕在城市周围。相比于独立的城市公园，如纽约的中央公园（Central Park in New York）或布鲁克林的展望公园（Prospect Park in Brooklyn），波士顿公园系列强调自然开放空间的联系、休闲娱乐、水质保护及洪水控制功能；19 世纪 90 年代，查尔斯·艾略特（Charles Eliot）将其扩展形成区域性的开放空间系统。

20 世纪中叶，美国进行了大规模绿道建设，50％的州进行了州级绿道规划。如 20 世纪 60 年代,威斯康星州倡导了跨州的被称为环境走廊的绿色空间和绿道网络(刘滨谊等,2001)。州级绿道形成具有游憩、生态、文化功能的绿色网络,绿道现已成为北美城市绿色空间规划的重要思想。20 世纪 60 年代末期到 70 年代初期的美国,绿道是骑自行或步行者或作为替代拥挤的机动车道路或高速公路而使用的一种游径系统。

20 世纪后半期,绿道规划兴起,标志着一个新浪潮的到来。由于开放空间的减少和对健康的关注,1987 年林登·约翰逊(Lyndon Johnson)政府总统委员会颁布了《美国户外》报告(Americans Outdoors),第一次正式提出绿道一词,并将绿道运动推广到美国全国范围。该报告将绿道与美国的骄傲、爱国主义和民族精神联系在一起,指出"绿道在未来几十年将成为自然资源保护与休闲娱乐最重要的举措,并最终形成将美国人民同开放空间、公园、森林、沙漠等联系起来的走廊,从此岸到彼岸"。此后,查尔斯·利特尔的《美国绿道》一书使得绿道得到了广泛的普及和推广。在该书中,他对绿道的历史及现在、规划过程及组成等进行系统阐释,并指出绿道是一种线性开放空间,它通常沿着自然廊道建设,如河岸、溪谷、山脉或由铁路改造而成的游憩娱乐通道、运河、景观道或者其他线路。

(3)功能

美国在现代绿道发展中处于领先地位,其技术更新对绿道的发展具有重要的里程碑作用。截至 1995 年,美国已经有超过 500 处绿道。许多绿道滨水而建,由此产生了所谓的"蓝道"(blueways),有些绿道沿铁路或道路而建。美国绿道提供了野生动物栖息地和迁徙走廊等生态与环境保护功能,但更强调休闲娱乐功能。从 1985 年,美国绿道提倡更加多功能的绿道建设,包括促进生物多样性、提供野生动物迁徙、人类休闲娱乐、防洪及提高水质等多种功能。从实施上来讲,如果没有休闲娱乐元素的话,绿道的开发是极其困难的(Erickson,2006)。相比之下,欧洲的国家和城市更强调绿道生态走廊的生物多样性,尤其是在 1992 年联合国生物多样性公约(United Nations Convention on Biological Diversity)签订以后(Austin,2014)。尽管如此,大部分绿道系统最常见的目标还是游憩和保护功能。

(4)发展阶段

绿道系统规划从产生到至今已发展得较为成熟,经历了不同的发展阶段。从绿道的起源到 20 世纪绿道的全面发展,绿道的功能从由单一为主向多功能复合演变，服务对象从为人类服务转向追求人与自然和谐，规划层次从地区到城市、从区域到国家层面，形态也从线性景观转向网络系统转变。

罗伯特·西恩斯(Robert Searns)指出绿道是人们对城市化所造成的生理和心理压力的回应，并在他的论文中界定了绿道发展的三个时期及各自的目标：① 第一代绿道(1960 年之前)，由林荫大道和公园道组成，主要的特征为运动游憩和视觉欣赏。② 第二代绿道(1960~1985 年)，是由游径为导向的休闲绿道(trail-oriented recreational greenways)和沿河流、小溪和废弃铁路的线性公园和其他廊道组成，主要特征是无机动车辆通过。如 20 世纪 60 年代后，由于美国的货运重心从铁路转移到卡车，产生许多废弃铁路，由此兴起了废弃铁路变游步道的运动。③ 第三代绿道(1985 年至今)，是包括野生动物保护、关注水质、教育、娱乐和其他多目标绿道。西恩斯的分类反映了绿道功能的日渐完善及服务多样性的增加。

4.5.4　绿径

绿径(trail)是一种小径，在某种意义上可归为绿道的一种类型。废弃铁路游径保护协会(Rails to trails Conservancy，RTC)认为绿径不仅是城市居民的交通通道，还是一种专门的无机动车辆干扰的具有生态感知与文化展示作用的线性交通空间。艾亨(Jack Ahern)将绿径定义为一种具有可持续土地利用特征的由线状物组成、经规划设计和管理形成的网络体系，兼具生态、自然保护、康乐、文化、美学、交通、城区分隔等多种功能。具体而言，绿径具有生活健身与互动功能：主要用作健身场地，为附近居民提供便捷的日常生活场所；旅游观光功能：为游客展现良好景观并使各个景点之间的联系更为密切，通过将沿线的景观资源进行统一规划与整合，吸引更多的人走向户外，从而带动旅游业的发展；日常休闲及娱乐功能，一项调查表明约 75% 的步道使用者的目的是休闲，约 20% 的是游憩，仅有 5% 的为通勤。

世界各国都建立了不同程度的绿径系统。美国 1986 年出台《国家游径系统法案》，建立了世界上最早和最完善的国家游径系统，到 2009 年已经形成形成遍布 50 个州的国家游径系统。共有 11 条国家风景游径、19 条国家历史游径、总长超过 54 000 mi，另外还有超过 1 080 条国家休闲游径与 2 条边道连接游径。加拿大为庆祝建国 150 周年而兴建的总长 2.4 万 km、横贯东西、纵贯南北的世界最长的人行步道工程(the Great Trail)将于2017年完工。

在欧洲,目前法国形成了包括长距离国家游径、区域游径和地方游径三种类型,长达177 023 km的国家游径系统。该系统纵横全国,使人们能够很便捷和轻松地享受户外休闲游憩的乐趣。英国1949年的《国家公园和走进乡村法案》提出了发展国家公园和国家风景区域及建设长距离路径的方案,即后来的国家游径,英国共有19条游径,包括15条英格兰和威尔士的国家游径,以及4条苏格兰的远足道,总长约4 000 km。

4.5.5 开放空间网络

过去的半个世纪,绿色开放空间成为众多城市进行大都市规划的有效工具之一。传统的绿色空间战略侧重运用绿带等控制城市蔓延,形成更紧凑的城市。除了限制城市蔓延外,多种形式的线性开放空间的主要目的之一是建立联系的开放空间网络。网络涉及在广阔的空间尺度(尤其是水平维度)中的视觉联系。绿色开放空间网络旨在建立开放空间之间的联系,更好地解决休闲娱乐机会不足及不公平现象。从城市生态的角度来说,开放空间网络通过建立城市建成环境与周边自然区域以及绿色空间的物理、视觉以及生态的联系,旨在保护生物多样性及自然环境,同时满足居民生理、心理和社会等多方面的需求。

诸多城市开放空间规划提出开放空间网络战略,如艾伯克隆比(Abercrombie)早在伦敦规划中提出的开放空间系统(open space system)(Turner,1992)指出,所有形式的开放空间需要作为整体考虑,并且采用公园道等将现有较大的公园相连接,形成紧密联系的公园系统(图4-3)。受艾伯克隆比的影响,在绿带概念的基础上,悉尼大都市规划提出绿网(green web)的概念(Evans et al.,2010)(图4-4)等。虽然早在20世纪40年代这些规划就已经提出开放空间网络的概念,但在20世纪80年代绿链(green chain)和生态廊道(ecological corridors)提出之前,这一理念一直未受重视。

在1987年,Turner(1987)将城市开放空间规划供给总结为六种可供选择的理论模型,如图4-5所示,A是以纽约中央公园为代表的独立的大型开放空间;B展示了以18世纪伦敦居住广场为代表的开放空间模式;C表示大伦敦发展规划提出的开放空间等级模式;D和E表示通过开放空间联系建立开放

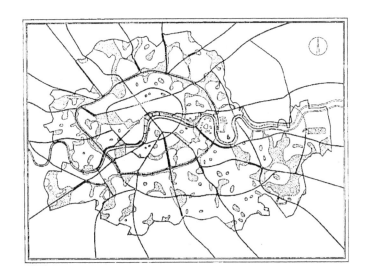

图 4-3　艾伯克隆比的开放空间系统
资料来源：Turner，1992

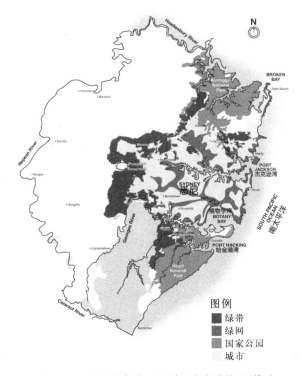

图 4-4　悉尼大都市区开放空间规划绿网战略
资料来源：Evans，2010

空间网络系统的方式,前者是基于人行道建立开放空间网络的方式,而后者是基于河谷建立开放空间联系网络的方式;而 F 展示了通过步行道或其他多种不同方式将公园、广场等开放空间联系起来形成开放空间网络的模式。作为对 F 模式的替代,伦敦绿色战略(Towards a Green Strategy to London)用一系列开放空间网络而非单一功能的网络模式更好的对开放空间网络进行了诠释。这些相互叠合的网络将步行、自行车、骑马等的使用者以及动物、植物的网络相互分离(图 4-6),虽然网络在某些地方可以重叠,但每种网络都有各自的特征,需要满足不同的设计标准。

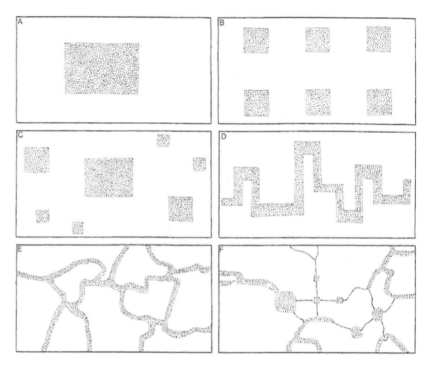

图 4-5　开放空间规划供给理论选择模式
资料来源：Turner, 1987

　　Turner 提出的开放空间供给模型反映了开放空间从传统的"封闭"式的空间规划手段向体现多元的环境、社会和经济制约因素和发展机会的更加流畅的空间形式地转变。这一转变体现了从 20 世纪 40 年代注重全面性、合理性和秩序性的"现代主义"向综合考虑各种利益,更加灵活的增长管理的"后现代"的转变(Evans et al. , 2010)。

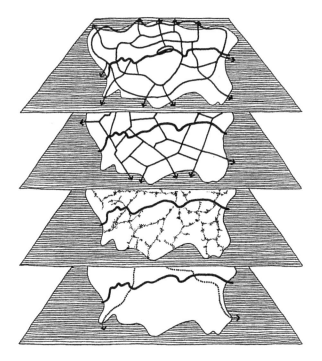

图 4-6　相互叠合的开放空间网络

资料来源：Turner，1992

4.6　小结

开放空间规划发展的历史趋势反映了人们对开放空间功能应决定其形式的逐渐认识过程；由公园、公园系统向开放空间系统的演化体现了开放空间规划用空间的系统观点取代孤立无联系的开放空间的过程；从公园运动、游乐场运动向游憩运动的转变反映了开放空间逐步由向所有人群提供娱乐机会的转变，而非只向特定人群如富人、穷人、工人和儿童等提供；用综合规划代替机会主义的建设及对规划标准的探索和继续发展反映了开放空间规划逐步向科学性和合理性的演变。

第 **5** 章

北美开放空间
规划编制体系

本章将对以北美为主的开放空间规划编制主体、层级、类型、步骤、内容及表达方式等进行简要的介绍,以期对我国开放空间规划编制提供一定的借鉴。开放空间规划可以涉及从地块到国家的不同地域范围,但主要在国家、州省和地方层面展开。

5.1　规划编制层级及类型

5.1.1　国家层面

国家层面开放空间规划主要针对国有土地,目的是满足开放空间保护及户外游憩娱乐需求等。美国联邦政府决定联邦所有土地的使用,无权对其他用地进行管理(孙施文,1999)。美国制定了一系列国家层面开放空间相关规划,如:① 国家公园管理局(National Park Service)制定的国家公园规划(National Park Plans)及国家游径系统规划(National Trails System)。② 由克林顿政府发起、马萨诸塞大学编制的美国绿道及绿色空间规划(Greenways & Greenspaces for America)。该规划提供 22 万 km 长的游径或绿道及约 5 亿 hm²(1 hm²＝10⁴ m²)的绿色空间。旨在保持开放空间环境质量的同时,提高美国人民户外游憩机会。③ 奥巴马总统发起的"美国大户外:对后代子孙的承诺"(America's Great Outdoors: A Promise to Future Generations, AGO)。AGO 倡导 21 世纪自然保护与游憩议程,将开放空间保护和居民户外休闲娱乐结合起来;美国大户外的保护与恢复议程包括加强土地与水资源保护基金,建立良好的城市公园与社区绿色空间,保护乡村牧场、农用地与林地等,保护与恢复国家公园、野生动物栖息地、森林和其他联邦土地与水体等;建立民众与户外活动的联系议程主要包括提供高品质的就业、职业途径与服务机会,提升休闲娱乐的可达性和机会,增强户外活动价值与益处的公众意识等。通过该议程推动更灵活更依赖社区的环保及户外活动战略,为所有家庭不论居住在哪里都能进行户外活动提供便利。与美国相比,加拿大联邦政府干预较少,更多依赖于具有管辖权的地方、区域和省的政府部门。

5.1.2 州省层面

在美国,州层面开放空间相关规划主要包括:① 作为州综合规划基本组成部分的州开放空间规划,尤其是出于游憩目的的开放空间规划,从区域层面提出对开放空间保护与游憩娱乐的控制要求,是地方层面规划无法达到的。例如,1928 年,马萨诸塞州进行了第一个跨州的开放空间规划(王保忠等,2005)。虽然该规划一开始就搁浅了,但在 20 世纪后期成为马萨诸塞州建立公园和保护区体系的框架(刘滨谊等,2001)。此后,其他州陆续制定或修订了州域层面开放空间规划。② 州开放空间保护规划,制定开放空间保护目标和标准,选取需要保护的开放空间等,如纽约州环保部 2014 年制定的开放空间保护规划(The 2014 State Open Space Conservation Plan, New York)(Cuomo, 2014)。该规划不仅包含开放空间保护的内容,也包含推动户外游憩的章节,提出为所有人可达的户外游憩活动,让儿童接近自然,提供城市滨水可达性、城市绿道及游步道,以及提供连接开放空间的廊道等多方面的内容。③ 各州一般都会制定州综合户外游憩规划 SCORP(State Comprehensive Outdoor Recreation Plan)用以指导州域开放空间游憩规划的制定,一般兼顾开放空间保护与户外游憩的双重功能。SCORP 提出开放空间游憩规划发展纲要,对现有州级游憩项目与活动需求进行调查评估,明确各个机构的职责与角色,并为其提供规划开发建议等(方家等,2015)。例如《科罗拉多州综合户外游憩规划》(Colorado Statewide Comprehensive Outdoor Recreation Plan)、《马萨诸塞州综合户外游憩规划》(The State Comprehensive Outdoor Recreation Plan),得克萨斯州国家公园部 2012 年制定的《得克萨斯户外游憩规划》(Texas Outdoor Recreation Plan),威斯康星州自然资源部制定的《威斯康星州综合户外游憩规划》(The 2011 - 2016 Wisconsin Statewide Comprehensive Outdoor Recreation Plan)等。

在加拿大,各省根据加拿大省级规划法规制定相应的规划。以安大略省为例,根据安大略省地方发展法(Places to Grow Act, 2005),该省制定了《大金马蹄地区发展规划》(The Growth Plan for the Greater Golden Horseshoe, 2006),鼓励公众可达的公园、开放空间和游径等;《橡树岭碛堤保护规划》(Oak Ridges Moraine Conservation Plan)提供了在橡树岭碛地区连续可达的非机动车游径系统;《尼亚加拉悬崖规划》(Niagara Escarpment Plan)提供了为尼亚加拉悬崖公园和开放空间系统建立和协调发展的框架；《绿带规划》(Greenbelt Plan，2005)鼓励建设跨越被保护的乡村地区以及《橡树岭碛堤保护规划》和《尼亚加拉悬崖规划》范围内、供公众可达的公园、开放空间、水体以及游径系统；《安大略游径战略》(The Ontario Trails Strategy)是旨在促进安省游径使用的长期战略。除了以上不同类型的开放空间相关规划，省层面也会制定专门的公园与开放空间规划或游憩规划等。如"尼亚加拉悬崖公园与开放空间系统"(The Niagara Escarpment Parks and Open Space System，NEPOSS)形成超过 155 个公有公园、自然保护区和开放空间形成的网络，旨在保护沿尼亚加拉悬崖富有特色及重要的区域。

1987 年绿道一词在美国总统委员会的报告中正式提出，19 世纪末～20 世纪初，绿道规划席卷北美，现已成为北美开放空间规划的重要思想，也是州省层面开放空间规划的重要内容之一。部分开放空间规划包含绿道规划的内容，也有州省会制定单独的绿道规划。美国约 50% 的州进行了州级绿道规划，形成具有游憩、生态、文化功能的绿色网络。20 世纪 60 年代，威斯康星州创建了一个跨州的远景规划，提出了称为环境走廊的绿色空间和绿道网络。1970 年美国伍德兰(Woodlands)制定绿道规划，1990 年美国博尔德(Boulder)制定绿道计划，1999 年新英格兰制定《绿道展望规划》(The New England Greenway Vision Plan)。在加拿大针对《绿带法案》(Green Belt Act 2005)制定的《绿带规划》，对安大略省的绿带进行总体布局，鼓励公众可达的公园、开放空间、水体和游径系统，并提出保护乡村地区的相关政策，如保护农业、自然资源、文化遗产、公园开放空间与游径及居住区域等政策。对绿带规划所涉及的重点区域，分别制定了相应的规划，如在 1978 年实施的《西部公园道规划》(Parkway Belt West Plan)创建了多用途的公用走廊及联系的开放空间系统，是区域规划、绿地与绿道规划的集大成之作。该规划的目的是界定城市区域边界，提供未来线性公用设施备用地，并提供连接开放空间、社区和其他区域的开放空间和休闲娱乐设施的系统。

5.1.3　地方层面

基于州的总体控制要求，地方开放空间规划需要对自然资源开放空间保护、户外游憩、公共健康和安全等的详细规划与测度提出具体标准与要求。地方层面开放空间规划可以是开放空间专项规划或地方规划中开放空间章节，两者都对开放空间提出了较为系统的控制与引导,形成了整体性、系统性强,管理完善的地方公共开放空间系统。

(1) 地方规划的开放空间部分

地方规划是地方政府制定的法定规划之一,属政策规划。在加拿大一般称为城市官方规划(Official Plans of Municipalities),在美国称为综合规划(Comprehensive Plan)。作为地方规划的重要组成部分之一,开放空间与教育、交通、基础设施等一起,共同构成北美地方规划的重要组成部分。

按法律制定的综合规划或官方规划具有法律效力,开放空间规划要成为城市总体规划的一部分,需要召开公开听证会,才可被市政府授权章程(the Municipal Enabling Statutes)引用。美国绝大多数州的法律都明确要求区划法规的制定必须以综合规划为基础。因为开放空间规划一般都包括规划实施部分,将开放空间规划纳入综合规划的益处是除了联邦政府以外的其他政府机构的投资项目必须将该规划考虑在内。因此,综合规划或官方规划中的公共开放空间部分就成为城市财政规划过程,成为区划条例及其他控制要求需要考虑的内容,由此成为城市公共开放空间规划控制的主要手段之一。

加拿大城市官方规划中的许多政策对开放空间规划产生了深刻影响,如《多伦多市城市官方规划》(The City of Toronto Official Plan)中包含的绿色空间系统及滨水政策(Green Space System and Waterfront Policies)、公共领域政策(Public Realm Policies)、公园与开放空间政策(Parks and Open Spaces Policies)及自然环境政策(Natural Environment Policies)等。1991 年渥太华城市规划与公共事务部(Department of Urban Planning and Public Works)制定了《渥太华官方规划》(City of Ottawa Official Plan),其中第 3.3 部分为开放空间的内容。作为市政府法案(The Municipal Government Act)的法定文件,《卡尔加里规划》(The Calgary Plan,1998)对开放空间规划、增长区域管理规划、社区规划及区域再开发规划等的规划过程和规划决策提出了相应的政策。除此之外,作为法定规划的区域结构规划(Area Structure Plan,ASP)也提出了开放空间用地的相关政策。

美国开放空间规划是综合规划的重要组成部分。纽约市制定了新一轮总体规划《更绿色更美好的纽约》(PlaNYC: a Greener Greater New York),该规划将公园与公共空间作为其中的重要章节,并在其后陆续制定规划进度报告以跟踪开放空间规划的实施进度等(The City of New York,2014)。又如

2010 年通过的《迈阿密邻里总体规划》(MCNP)吸纳了迈阿密在 2007 年制定的《迈阿密公园与公共空间总体规划》(Miami Parks and Public Space Master Plan)的主要内容,并将其整合为公园游憩与开放空间章节(City of Miami Planning Department,2013)。该规划是按照州法律要求,用来指导城市公共和私人开发决策,具有法律效力。2014 年由圣弗朗西斯科规划部制定的《圣弗朗西斯科总体规划》(The San Francisco General Plan)也设有游憩与开放空间章节(San Francisco Planning Department,2014)。

（2）开放空间专项规划

开放空间规划可以是地方规划的组成部分,也可作为专项规划单独制定。不同的表达方式用于描述该类型的规划,如公园与游憩规划(parks and recreation plan)、公园与开放空间规划(parks and open space plan)、文化与游憩规划(culture and recreation plan)、休闲战略(leisure strategy)、游憩战略(recreation strategy)、公园规划(park plan)、开放空间联系规划(open space connectivity plan)或绿道规划(greenways plan)等。下面对这些规划的基本情况及主要案例进行简单的介绍。

公园与游憩规划:一般会提供关于规划、土地收购、城市开发、公园和游憩资源管理、计划、管理机构等的综合框架,如加拿大桑德贝市(the city of Thunder Bay)在 1972 年制定的安大略省第一个公园与游憩总体规划(Parks and Recreation Master Plan)。

公园与开放空间规划:是较多使用的名称。加拿大卡尔加里公园部制定的《卡尔加里开放空间规划》(Calgary Open Space Plan,2003)针对不同类型开放空间提出相应政策。阿尔伯塔落基山景县(Rocky View County Alberta)《公园与开放空间总体规划》(Parks and Open Space Master Plan)详细指出公园与开放空间总体规划的内容,并与其他指导性规划,如农业总体规划、成长管理战略、饮用水服务战略等共同组成市政开发规划(Municipal Development Plan,MDP)。MDP 被议会决议案采纳后成为法定规划文件,并作为地方规划的基础。在美国该类规划如迈阿密市制定的《迈阿密公园与公共空间总体规划》(Miami Parks and Public Space Master Plan,2007)、波士顿市政府制定的《波士顿开放空间规划》(City of Boston:Open Space Plan,2015)及其管辖市镇如《温思罗普镇开放空间和游憩规划》(Winthrop's 2014～2021 Open Space and Recreation Plan)、《里维尔开放空间规划》(Revere's 2010～2017

Open Space Plan)等。

游憩战略：对以游憩为主的开放空间提出规划要求，如《2004 年多伦多市公园、森林与游憩战略规划，我们共同的土地》(The 2004 Parks Forestry and Recreation's Strategic Plan, Our Common Grounds)对全市层面的开放空间规划提出要求，希望多伦多成为公园中的城市，并提出制定城市公园和步道规划的建议。

公园规划：除了公园与开放空间规划，针对开放空间重要组成部分的公园，公园规划也会对开放空间提出一定要求。2010 年，多伦多通过了城市范围的公园规划。该规划与《游憩设施规划》(Recreation Service Plan)及《森林管理战略规划》(The Strategic Forest Management Plan)一起，共同提出了对城市开放空间的规划控制要求。又如《卡尔加里城市公园总体规划》(Urban Park Master Plan，1994)提出了卡尔加里未来城市河谷地带公园发展的战略等。

开放空间联系规划或绿道规划：城市间开放空间联系规划能够完成城市间开放空间联系，并且定义整个区域的特性。地方绿道规划或开放空间联系规划等多包含在城市开放空间专项规划中，但也可以作为专项规划单独制定，其能够完成城市内开放空间联系，并深刻影响城市空间的结构。早在 1950 年，雅克(Jacques Greber)在加拿大首都规划部(National Capital Planning Service)制定《首都规划》(Plan for the National Capital，Ottawa)为渥太华规划了环城绿带。意识到哈德逊河谷(The Hudson River Valley)开放空间与景观质量的重要性，立法机构在 1991 年颁布了哈德逊河谷绿道法案，建立了哈德逊河谷绿道社区委员会和绿道保护协会以扶持城市和城市间的绿道规划和提供技术帮助。又如马萨诸塞州绍斯伯勒镇(Southborough)2011 年制定的《大都市西区开放空间联系规划》(Metro West Regional Open Space Connectivity Plan)提出开放空间联系路径的空间位置，说明每个镇(共计 9 个镇)的开放空间和步道如何跨行政边界与周边社区开放空间和步道相连接，形成相互联系的区域网络；同时规划也确定了具有保护潜力，会提升现有开放空间联系性和保护价值的但却未被保护的用地；但并没有对路径的具体设计提出任何要求。除了城市，县政府的相关部门也会制定开放空间规划，并将绿带规划作为重要内容，如由威斯康星东南区域规划委员会(Southeaster Wisconsin Regional Planning Commission)制定的《密尔沃基县公园与开放空间规划》(A Park and Open

Space Plan for Milwaukee County，1991)等。

5.2　规划编制主体、内容及表达方式

北美州省层面开放空间规划指南等会对城市开放空间规划提出相应要求。通过对案例城市开放空间规划指南及开放空间规划进行分析发现，虽然各州省之间的要求存在一定差异，地方开放空间规划重点、组织结构及标准等因地域和规划目的而不同，但开放空间规划的编制主体、规划步骤、内容及表达方式等存在一定共性。由于我国现行城乡规划编制还没有专门针对开放空间提出相应的规划要求，所以对北美开放空间规划相关内容的分析总结对我国开放空间规划的制定具有一定的借鉴意义。

5.2.1　规划编制主体

开放空间规划需要合理的组织机构安排。无论开放空间专项规划还是总体规划中开放空间部分都有相应的编制主体，各地情况不完全相同。总体而言，可以制定开放空间规划的主体包括：① 地方政府及其相关部门，开放空间规划通常包括在综合规划或官方规划中，因此市政当局是制定开放空间规划的主体；单独制定的开放空间规划可由政府相关部门制定，如环保部、公共事务部、公园部、公园与游憩部、资源与环境部等，在某些地区也可以成立专门的机构，如保护咨询委员会(Conservation Advisory Councils，CAC)或环境管理委员会(Environmental Management Councils，EMC)制定。② 其他非政府组织，如地方开放空间倡导组织（Local Advocacy Groups)、土地信托、规划志愿者或咨询公司等都可以编制开放空间规划。

开放空间规划编制可以采取如下三种主要方式：① 由地方政府及相关部门编制，可以较好地与社区沟通，成本较低，从公众利益的角度出发较好地满足居民需求。② 如果由于编制人员专业培训不足、受时间精力的限制，或为引进外界更好的思想或做法，也可以委托其他非政府组织编制。例如加拿大桑德贝市 1972 年的《公园与游憩总体规划》(Parks and Recreation Master Plan)就由一个具有美国背景的咨询公司编制(Gebhardt，2010)。③ 委托非政府组织往往会面临成本较高、缺乏切身利益、对政治环境或社区缺乏足够了解等诸多问题，因此在实践中，多采取合作的方式进行编制，如地方政府雇佣

咨询公司,与他们共同编制规划,往往能够起到较好的效果。

5.2.2 规划编制步骤

开放空间规划需要遵循特定的过程或步骤,可称为"开放空间规划的规划
(a plan for open space planning)"。虽然并不存在特定的开放空间规划步骤,
但规划先例或实际操作中包含一些共同的要素(Gold,1983)。早期的开放空
间规划步骤主要包括设定目标、标准确定、数据收集和分析、制定规划、规划实
施等过程,最终产品往往是具有一定灵活性的总体规划(Wilkinson,1983)。
目前较为广泛使用的开放空间规划步骤包括相关政策及背景分析、现状条件
及供给评价、了解需求与需要、设定目标及标准确定、制定规划、规划实施及规
划监督等。

5.2.3 规划编制内容

遵循特定的开放空间规划步骤,目前北美开放空间规划通常包括但并不
局限于如下内容。

- 行政摘要(Executive Summary);
- 引言(Introduction);
- 概念界定(Concepts);
- 背景分析(Contexts or Settings);
- 相关政策分析(Policy Review);
- 现状条件分析(Existing Conditions);
- 供给评价(Supply Assessment);
- 需求分析(Analysis of Needs);
- 供需比较(Comparison of Demand and Supply);
- 愿景与目标(Vision and Goals);
- 战略、目标和行动(Strategies,Objectives and Actions);
- 规划指南或供给标准(Planning Guidelines and Provision Standards);
- 规划或政策(Plan or Polices);
- 规划实施战略(Implementation Strategy);
- 规划监督(Monitoring);
- 近期行动计划(Immediate Plan of Action);

- 公众参与与评议(Public Participation and Comments);
- 参考文献(References);
- 附件(Appendix)。

5.2.4　规划表达方式

开放空间规划的表达方式包括文本和附件。文本可以是针对决策制定的政策或图纸,多数北美开放空间规划是针对决策制定的政策,政策通常是目标框架下更为具体的表述。附件则包括如开放空间分类、现状分析等在内的诸多内容。区域开放空间规划通常采用图纸或其他方式表明开放空间的位置、数量及现状与规划开放空间的用途等。地方开放空间规划图通常包括公园、游憩设施、自行车道和保护区域的位置范围等。

5.3　其他层面开放空间规划

除了国家、州省和地方,开放空间规划还可在其他层面展开。区域层面规划,如澳大利亚昆士兰公园与开放空间区域规划、加拿大阿尔伯塔公园与开放空间区域规划、美国波士顿大都市区公园系统规划;当然也不排除小到若干地块层面的规划,如纽约州特拉华县(Delaware County)位于特拉华河东部支流与主街之间一块半英里长地块的开放空间规划。

不同层面开放空间规划的编制主体、步骤和内容等存在一定的差异,并不完全遵循上述相关内容。以区域规划为例,区域规划是由多个发展利益单元组成,对区域范围内的开发和建设进行总体安排与战略部署,以解决跨区域、跨部门或跨行业界限的诸多城市问题。区域规划在欧洲城市被广泛采用,但在北美,由于土地使用权一般牢牢掌握在地方政府手中,因此并不普遍。但是随着与土地利用相关的问题,如水质、空气质量、经济增长、气候变化、自然资源保护或生物多样性等跨区域问题变得日渐复杂,人们对区域作为经济、社会及环境联系的认识日益加强,使得区域规划在北美逐渐被采纳。区域层面公园与开放空间规划一般包括规划目标(goals)、政策(policies)、战略(strategies)及行动计划(actions)等几方面的内容。如加拿大阿尔伯塔省《公园与开放空间区域规划》(RPOS)的内容框架遵循区域规划的要求,其基本组成部分包括区域概况(profile of the region)、相关政策(policy context)、愿景(regional vision statement)、结果与目标(regional outcomes and objectives)、战略(strategies)、监督与进度报告(monitoring and reporting)等。但并非所有区域开放空间规划都包括以上内容,如昆士兰东南部区域规划(The South East Queensland Regional Plan)没有明确提出规划目标,而是对多项相关政策进行了具体阐述。

5.4　小结

目前北美已形成从国家到地方较为完善的开放空间规划体系,虽然其规划名称的表达方式多样,但多强调规划范围内开放空间保护及户外游憩功能,同时关注对绿道等开放空间联系的建立和完善。开放空间规划可以是综合规划的一部分,也可以是单独编制的开放空间专项规划。其开放空间规划有明确的编制主体,提出明确的发展目标和政策,遵循一定的规划步骤,表现方式可以是包含相关政策或规划的文本和附件。

第6章

北美开放空间
规划控制体系

城市规划与开放空间保护是同一过程的不同部分（Bengston et al.，2004）。开放空间保护与规划控制受诸多因素的影响，可通过多种方式实现。如开放空间规划受规划管辖（Planning Jurisdiction）、开放空间规划法定机构（Statutory Authority for Open Space Planning）及区域范围内政治辖区数量（Political Jurisdictions）等诸多方面的影响（Strong，1965），在实践中，北美开放空间保护与规划实施可通过政策法规、土地获取或税收等多种方式实现。

　　国际上尤其是发达国家已形成包括政策法规、法定规划及设计导则等在内的较为完善的开放空间规划控制体系。本章将对北美开放空间保护政策及规划法规进行系统分析。没有任何两个国家的体制完全相同，虽然北美体制不同于我国，但其开放空间规划控制的各种法规政策对我国开放空间规划控制具有一定的借鉴意义，可以引发我国相关人员继续深入研究。

6.1　开放空间保护政策

　　土地征用与激励机制是较为广泛采用的开放空间保护政策。通过相关政策获得可能受到开发威胁土地的开发权，从而达到保护开放空间的目的。

6.1.1　土地征用

　　开放空间土地征用（land acquisition）是通过获取土地所有权的方式以增加或扩充多样的景观资源，如公园、游憩区、森林、野生动物庇护所、荒地、环境敏感地区、绿道及其他区域等。土地征用是美国开放空间保护历史最长的一种方法，但也可能是成本最高的一种方法（Kelly，1993）。出于保护自然资源和开放空间等目的，从联邦、州省、区域到地方各级政府都可进行土地征用，以确保形成开放空间用地的绝对公有权或公共机构的管理控制权。除了国家征用土地用于开放空间，出于保护自然资源和开放空间等目的，作为私人非营利组织，如土地信托（Land Trusts）等也可以进行土地征用、接受土地捐赠、获得购置土地或限制土地开发权利基金或购买土地作为永久保护。土地信托是有效的保护开放空间的方法之一。除此之外，其他非营利性土地保护组织也会参与到保护游憩、环境和文化景观资源的行动中,如纽约的开放空间研究所(the Open Space Institute, OSI)等。

与开放空间保护相关的土地获取可以采取多种形式。如加拿大渥太华《绿色空间总体规划》(Greenspaces Master Plan, 2006)中提到包括购买、土地置换、捐赠、土地信托、保护地役权、租赁等在内的多种开放空间用地获取的方式(表 6-1)。

在美国,开放空间用地可以通过如下方式获得(Rivasplata et al. , 1998)。

(1) 土地捐赠(gift):私人土地所有者可以通过捐赠的方式将土地捐给公共部门。除了个别做慈善的富裕阶层,多数土地所有者通常是出于所得税的目的进行土地捐赠。在美国,土地捐赠对个人收入所得税益处颇多;而在加拿大,土地捐赠对个人所得税带来的好处并不明显。

(2) 自愿出售(voluntary sale):是按照市场价格从卖方那里购买开放空间用地,自愿出售主要的弊端是土地成本太高。

(3) 税收拖欠(tax default):税收拖欠是由于土地所有者拖欠缴纳房地产税,在抵消应付税收和利息等后,政府部门将该土地拍卖或保留做公共用途。这些通常是被废弃的或位置不佳的土地,否则业主就会按照市场价出售土地。

(4) 保护地役权(conservation easement):不同于完全所有权的获得,保护地役权的方式允许购买土地的部分权利,在确保私人土地所有者继续拥有土地基本权利的前提下限制开发,以保护开放空间。

(5) 租赁(leasing):在保持土地所有者所有权的情况下,在一定期限内,地方政府租赁土地用于开放空间保护等用途。

(6) 租赁-采购协议(lease-purchase agreements):地方政府缺乏足够资金购买土地权利的情况下,可以采取这种方式分期付款。

(7) 联合征用(joint acquisition):是两个或多个地方政府共同出资获得土地所有权的方式。

(8) 土地交换(land swapping):地方政府可以用自有土地与私人或其他辖区的土地进行交换,用以获得所需的公园或开放空间用地。

(9) 国家征用权(eminent domain):国家土地征用权指基于政府公权力,依法定程序,取得业主土地为公共用途,并给予一定补偿的行为。利用土地征用获得开放空间有着悠久的历史。早在 19 世纪(1853~1856 年),纽约市中央

表 6-1　开放空间用地获取方法

方　法	描　　述	优点·缺点	立法基础	管理者·土地	用　地　类　型
购买	以市场价格购买土地	城市或其他组织直接获取土地;永久保护,公众可达	市政法案	渥太华市,其他政府;土地信托,非营利组织	任何类型的绿色空间,尤其是那些环境保护的用地
土地置换	土地或土地权益可以上市交易,实现互利互益	与购买的方式成本相当;永久保护,存在公众可达的可能性—必须是平等的交易双方	市政法案	渥太华市,国家首都委员会的公有土地	任何土地,园林绿地或其他类型用地,包括住房
捐赠/遗赠	个人或私人公司捐赠土地或土地权益,或作为遗产遗赠。捐赠者可以选择保留用地直至死亡	低成本/永久保护和公众可达—必须符合联邦税收制度才有资格获得土地捐赠免税的税收优惠	市政法案,所得税法	所有以上机构,公共或私人拥有的土地	任何园林绿地或其他类型用地,包括住房
奉献公园绿地	作为土地细分开发的结果,奉献给市政当局作为公园绿地用途	在不断增长的社区提供公园绿地—规划法对不收费的土地交易量有限制	规划法	一城市拥有的土地	任何园林绿地
传统的土地利用与其他法规控制	运用土地利用规划(如官方规划/区划/土地细分流域规划)或其他市政法规控制的手段	官方规划提供土地使用意图;永久保护—未使使用目的公众不可达,可能需要经济补偿或能购买	规划法,保护当局法案;渔业法案;树木法案;整合资源法案	市,省保护当局,通常是私人拥有的土地或非城市拥有的公共土地	任何园林绿地

续表

方　法	描　述	优点—缺点	立法基础	管理者—土地	用　地　类　型
有限制的出售	为了控制未来土地用途，土地有条件出售	在保持公园绿地的情况下产生收益，永久保护；公众可达难以协商，市场有限，价值降低	市政法案，土地保护法案	城市，国家首都委员会，省政府—	公众可达并非关键但需要环境保护的用地
土地信托	致力于保护开放空间、自然区域等的非营利组织	知名度较高的基层教育和公众保护，永久保护；限制公众进入人，需要很高的知名度和独立性未获得资金	无	非营利的社区组织—	通常是需要环境保护的用地或娱乐休闲游步道
企业主协议/共管协议	类似于土地信托	作为政府所有和管理的替代，无成本、灵活；不能确保保护及公众可达，需要有意愿的法人实体	公司法，共管协议	私人土地拥有者	任何园林绿地
保护地役权	出于保护目的的限制协议	低成本，永久保护，本可能与购买相当，有限制公众可达，需要持续监管；在安大略省并未广泛使用	安大略文物法，公共服务部门法，安大略土地保护法	仅限政府机构及注册的慈善组织包括土地信托，私人土地保护拥有	需要环境保护的用地及文物古迹

续表

方　法	描　述	优点—缺点	立法基础	管理者—土地	用　地　类　型
限制性契约	土地所有权中规定的限制土地所有者的某些土地用途或权利，适用土地使用，但不拥有该土地的情况	低成本，提供永久保护——特定条件下使用，公众不可达	普通法	任何政府或保护机构—土地私有	通常需要环境保护的用地
租赁/许可证	在指定期限和特定成本下给予独家经营土地使用权的租赁协议。特定使用目的的许可证，但不是唯一的权利许可	可协商的公共可达——协议需要定期更新，并非永久性的保护	无	法律或契约当事人之间的许可协议—私有或公有	任何土地
激励/援助	鼓励自然区域保护的税收或管理激励	更低的成本和非对抗性：土地所有者意愿协议；难以监控；不提供公众可达或永久保护。税收损失	林地改进法；游戏和渔业法；保护当局法案；土地保护法	自然资源部，保护当局—私有制	通常需要环境保护的用地
管理支持/教育	私人土地所有者对土地的关心和保护	自愿的，成本最低、非威胁性，关系融洽——非永久性，公众不可达	无	—私人所有	通常需要环境保护的用地

资料来源：渥太华绿色空间规划（Greenspaces Master Plan, 2006）

公园的建设就是以当时 500 万美元的价格征用了 7 500 块私人拥有的土地,其中 160 万美元是由公园周边土地所有者以"改善评估"的特殊税收形式缴纳,这种方法此后较少使用。

6.1.2　激励机制

激励机制(incentives)实质是利用经济杠杆调节市场经济环境中各类利益主体行为的方式,可以在地方、区域、州省甚至联邦层面展开,如《美国农权法》(Right-to-farm Law)及农业区(Agricultural Districts)等政策(Bengston et al.,2004)。目前较常采用的激励机制是容积率奖励(Density Bonus),很多地方的区划条例都规定了容积率奖励的机会,即在开发商提供一定的公共空间等设施的前提下,土地开发管理部门将奖励开发商一定数量的超出特定地块开发密度的建筑面积。

土地所有权涉及一系列的权利,如地表权、空中权、开发权等。基于土地所有权可分割的理念,一些涉及部分土地权利转移的政策应运而生,如开发权转让(transfer of development right,TDR)、开发权购买(purchase of development rights,PDR)政策、优惠评估(preferential assessment)等。

开发权转让(TDR)指土地所有权人可将开发权让渡,让渡的开发权在转让地块上作废,而可以在受让地块上与其现有的开发权相加存在;TDR 可以是强制性的,但更多是基于自愿基础上的。

开发权购买(PDR)是目前联邦、州、地方政府或私人土地信托普遍采用的开放空间保护方法之一。PDR 采用"收购式"发展权补偿模式,即联邦和州政府依据土地规划中土地保护的范围,评估域内土地质量及面临的开发转用压力,确定发展权购买保护顺序;委托评估机构根据土地利用条件,评估最佳用途收益和现状收益差值(一般约为土地市场价格的 1/2 或 2/3)作为发展权价格;之后政府和土地信托机构与土地所有者协商,在不改变土地所有和使用权的前提下,收购控制土地进行再开发的权利。相比较,PDR 更适用于经济发展水平较低、土地市场发育不充分的区域,而 TDR 则更适用于土地开发建设较为迅速、土地市场较为活跃的地区,且更能节约政府行政成本和财政资源,所形成的发展权价格也能客观反映地区土地实际供需对比,因而更加接近该特定时期内发展权的真实价值,其应用频率比 PDR 更高。

除此之外还有保护开放空间方面的税收政策,如州域和国家层面的税收优惠评估,州域层面的税收减免优惠和土地交易资本收益税等保护开放空间的政策法规。如优惠评估是对用地按照开放空间的用途而非由市场决定的其他用途进行征税,以鼓励土地使用者保留土地做开放空间用途。

6.2　开放空间规划法规

开放空间规划法规主要指各级政府通过制定与开放空间有关的法律、法令、条例、规定或指南等,对开放空间的规划、建设、管理等进行规范性控制,一般具有强制性的特点。发达国家城市规划立法机制大致包括国家制定统一的城市规划法和相关法律法规、地方政府按照各自情况制定城市规划的法律法规以及中央与地方立法相结合等方式。北美开放空间规划立法具有自身的特性,以下将从国家、州省及地方三个层面对其分别进行阐述。

6.2.1　国家层面

美国联邦不具有统一的规划法规,一般不直接介入规划事务,主要交由省及地方制定和管理。国家在管理开发的角色主要是增强规划能力,协调地方、区域和州省的各项工作,通过相关研究、法案、计划或提供基金等方式对开放空间进行保护。如美国国家公园管理局(National Park Service)对现有联邦用地进行控制,联邦制定《国家游径系统法案》(National Trails System Act)、《河流、步道与保护帮助计划》(Rivers, Trails and Conservation Assistance Program)等;提供"土地与水体保护基金"(Land and Water Conservation Fund, LWCF, 1965),该基金是联邦为公共开放空间提供资金的首要来源。美国环保局(Environmental Protection Agency, EPA)也制定一系列针对影响空气、水体、固体废弃物、有害物质、湿地及濒危物种等的资助及许可要求。加拿大联邦政府也颁布一系列法案,如《落基山脉公园法》(The Rocky Mountain Park Act, 1885)、《加拿大国家公园法案》(Canada National Parks Act, 1930)(后进行陆续修改)及《加拿大野生动植物法案》(Canada Wildlife Act, 1985)等相关法律,用以规范国家公园或其他开放空间的规划、保护与建设。

除以上方式,国家层面也通过制定开放空间指南或标准等的方式对规划框架、内容、方法、类型和标准等进行控制。例如加拿大文化游憩部(Canadian Ministry of Culture and Recreation)制定的《公共游憩设施标准指南》

(Guidelines for Developing Public Recreation Facility Standards)对游憩设施规划步骤、开放空间规划标准、游憩设施标准及规划实施等都提出了详细的要求。美国国家游憩与公园协会1995年制定了《公园、游憩、开放空间与绿道规划指南》(Park, Recreation, Open Space and Greenway Guidelines),提出州和地方开放空间系统规划可供参考的全国标准(Mertes et al.，1995)。该指南主要包括规划框架、方法、分类、量化依据和标准等内容,包含实体部分(Physical Components)与规划部分(Planning Components),分别对区域、城市和地方层面的开放空间规划提出相应的要求(方家,2015)。以往版本提出公园等规划的全国标准,但是最新版本建议不同社区根据自身特色提出差异化的标准而非采用全国统一的规划标准。该指南以不同的形式被整合到地方发展法规或条例中,从而具有了法律效力,可能是目前最为广泛引用的开放空间规划准则。

6.2.2 州省层面

北美各州之间或各省之间在立法方面相对独立,州省具有城市规划的基本立法权。其规划法规构成基本一致,但内容和程序等存在一定差异。

(1) 州省层面规划法规

在加拿大,规划的编制、审批和实施等是省、市两级政府的主要职责,虽以城市政府为主,但各省有全面的立法系统,省政府对规划具有审批权和行政命令权。加拿大各省有宪法所赋予的管理市政事务的权利,并通过立法的方式以指导省内的社区规划(community planning)。在加拿大,一般用“社区规划”来指代“城市规划”(city planning),相当于美国的“城市规划”的提法。

加拿大10个省有10种规划制度,但它们的主要特征相似。如省级立法(provincial legislation)包括法案、法规和授权法(provincial acts, regulations and enabling legislation)。各省的法案中都包含综合性的市政法(municipal act),如不列颠哥伦比亚省的市政法。市政法对地方官方规划的性质、主要内容、编制要求以及批准方式做出规定;同时规定,城市所有的地方法规必须与已批准生效的官方规划相符合。各省还有许多专项法律,如农业法、公路法、文化遗产保护法、废弃物管理法等,或单列的作为规划主干法的“规划法”(planning act)等。

以安大略省为例,《安大略规划法》(The Ontario Planning Act)和《省政策声明》(The Provincial Policy Statement)用以指导辖区内各城市的社区规划、官方规划和分区规划(Gebhardt，2010)。《安大略规划法》(1990)要求开发商在开发用地内提供游憩用地或用资金来替代土地。《省政策声明》(2005)提出土地利用规划要求，并包含"公共空间、公园与开放空间"(Public Spaces，Parks and Open Space)部分。除此之外，还包括其他诸多法律法规，如《安大略省规划开发法案》(Ontario Planning and Development Act，1994)、《待发展用地法》(Place to Grow Act，2005)等。

除以上各类省级立法外，安省还针对开放空间制定了一系列专项法案。这些法案包括《省级公园与自然保护区法案》、用以保护重要林地的省级绿色法案《橡树岭碛堤保护法案》、《尼亚加拉悬崖规划及发展法案》、《公园道规划发展法案》(现更名为《安大略规划开放法案》)以及《绿带法案》等。有些法案还包含一系列依据该法案的相关法规条例等。例如以《省级公园与自然保护区法案》为依托的相关条例包括"省级公园"(Provincial Parks：General Provisions)、"自然保护区"(Conservation Preserves：General Provisions)、"省级公园划定及分类"(Designation and Classification of Provincial Parks)等七项条例。

在美国，地方政府决定其辖区内的规划和实施，无需国家和州政府进行复核；但是"州授权法"(State Enabling Legislation)会对地方政府所履行的规划职责提出相应要求。美国各州有全面的立法系统，通过制定各种规章(regulations)、法律(laws)、政策(policy)、行政和民事议案(administrative and civil actions)等对城市开发进行规划控制。在城市开放空间保护中，州政府起到非常重要的作用。针对开放空间保护，各州会制定一系列相关法案，如纽约州环保局制定《环境保护》(The Environmental Conservation Law，ECL)规定了可以采用地役权的方式进行开放空间保护的非营利组织及市政当局；《纽约州环境质量审查法案》(State Environmental Quality Review Act，SEQRA)在开发项目审查阶段将环境因素的考虑尽早纳入政府机构现有规划、审查和决策过程，目的是获得开发项目对环境的影响，从而更好地制定环境决策。SEQRA对开放空间的意义在于在开发项目审查阶段确定环境敏感区域及重要的开放空间资源。又如加利福尼亚州(简称加州)通过制定《保护地役权法案》(The Conservation Easement Act)、《开放空间地役权法案》(The Open-space Easement Act)或《公园专有条例》(Park Dedications)等，对农业用地或开放空间用地等加以保护;《加州游憩步道法案》(The California Recreational Trails Act),要求地方政府将城市和县等的步道路径等整合到加州游憩步道系统中。

(2) 州省开放空间规划指南

由于州省所具有的领导权以及对地方的经济资助等,其在开放空间保护与规划中的角色往往超出授权法的范围。在规划法的基础上,州省总体规划指南中的开放空间部分或开放空间规划指南等都会对开放空间和游憩规划等内容提出相应控制要求。

在美国,许多州都制定了不同形式的指南或手册等用于指导开放空间相关规划,如马萨诸塞州、纽约州及加利福尼亚州等。由马萨诸塞州保护服务事业部(MA Division of Conservation Services)制定的《开放空间与游憩规划师手册》(Open Space and Recreation Planner's Workbook,2008)成为该州开放空间系统的规划指南,为社区提供了如何制定开放空间和游憩规划的步骤及详尽解释。该州《开放空间及游憩规划要求》(Open Space and Recreation Plan Requirements,Commonwealth of Massachusetts)列出了开放空间和游憩规划中需要包含的要素。纽约州《地方开放空间规划指南》(Local Open Space Planning Guide)对开放空间规划的内容与过程、需要保护的开放空间、开放空间保护的方法等做出相应规定。加州规划研究州长办公室(Governor's Office of Planning and Research)制定的《加州总体规划指南》(The State of California General Plan Guidelines)对不同土地利用的类型、开发强度以及空间分布等都提出了相应要求,其中开放空间用地是与住宅、商业、工业、教育、公共建筑、废弃物处理设施和其他种类的公共和私人用地同等重要的用地类型。同时,该指南还将开放空间作为独立的控制元素,对自然资源开放空间保护、户外游憩、公共健康和安全以及农业用地等的详细规划与测度提出具体要求。例如其中第65302条要求地方总体规划必须包括开放空间要素;第65562条规定每个城市和县必须按照州或区域开放空间规划的要求,制定地方开放空间规划;第65567条规定,除非项目建议、土地细分或条例与地方开放空间规划要求相符,否则不允许颁发建筑许可证、批准土地细分图以及通过开放空间区划条例。

在加拿大,各省通过开放空间规划指南或手册等形式对开放空间规划提出相应要求。如自然资源部(Ministry of Natural Resources)编制的《安大略省保护区规划手册》(Ontario's Protected Areas Planning Manual,2014)对安大略省超过620处的省级公园和保护区构成的系统提出管理与保护要求,用以保护生态多样性,并提供可持续的户外游憩、土地利用以及自然遗产保护和研究的机会。安大略省汉密尔顿市的《公园与开放空间规划开发指南》(Park and Open Space Development Guide,2015)提出公园、开放空间及游径系统规划开发步骤,确保其尺度、位置、地形等满足要求,并且为市民提供动态与静态的休闲娱乐活动空间,同时提出了开发过程中政府与开发商之间的合作模式等。安大略省文化休闲体育健身事业部(Ministry of Culture and Recreation Sports and Fitness Division)制定的《公共游憩设施建设标准指南》(Guidelines for Developing Public Recreation Facility Standards)对公共游憩设施规划以及开放空间规划提出具体要求。

相关规划指南等在通过一定程序后,就具有了相应的法律效力,如地方政府不严格遵守将受到相应的法律诉讼。例如,由于没有按照加州开放空间规划要求制定开放空间规划,没有获取并控制开放空间用地以及批准土地细分图等原因,摩根山市(City of Morgan Hill)于1977年受到加州法院的法律诉讼;又如,由于开放空间规划的要素不符合政府规范的特定要求、违背了开放空间要素在土地利用要素中的优先权等,科恩县(Kern County)于1981年受到加州法院的起诉。

(3)州省对地方开放空间规划的要求

美国州政府将州所有土地之外的土地使用管理权下放给地方政府进行管理(孙施文,1999),各州会对地方规划(地方综合规划、区划及土地细分等)、土地收购及税收等提出相应要求,如各州规定地方政府具有编制总体规划(综合规划)以及与其所管辖范围相关的其他规划的权利;总体规划可包括与有序成长与发展以及与自然资源、娱乐、敏感地区保护等相关的任何要素,但其实施具有一定的灵活性,如根据地方调查,纽约州只有58%的镇、58%的村(villages)、84%的市有综合规划。

各州同时也会对地方公园与开放空间等提出相应要求。如《加州总体规划指南》第65910条要求地方按照总体规划中开放空间部分或开放空间规划制定开放空间区划(open-space zoning)。加利福尼亚、科罗拉多、蒙大拿、新泽西、纽约、华盛顿等州都制定了与土地细分相关法规条例,如要求地方政府制定土地细分(subdivision),规定地方政府有权要求开发商承担包括开放空间在内的多种公共设施,如街道、给水排水设施、自行车道、公交车站等的建设任务。加利福尼亚州、康涅狄格州、马里兰州、新泽西州及纽约州等在内的众多州法律规定,地方政府有权出于开放空间保护目的进行土地收购用作公园与游憩目的。县、市、镇、村也有权利依据法律运用公共资金获取开放空间用地(Cuomo,2004)。

制定公园、游憩与开放空间规划并将其作为综合规划的组成部分是规划部门与游憩机构的共同职责。在20世纪80年代后期,制定游憩规划这一要求从美国规划协会的相关文件中删除,至少从该机构的角度出发,游憩规划已不再是城市综合规划的必要组成部分。在加拿大,目前游憩规划也是官方规划的可供选择的组成部分(Gebhardt,2010)。但作为综合规划必要组成部分的开放空间规划往往兼具游憩的目的。

州法律除了对独立的地方政府提出开放空间的规定,有些州还对城市之间规划合作的机构和程序等提出相应规定,保证了跨区域开放空间规划的灵活性。如规定县管辖范围内两个或两个以上的市可以联合进行原本分别从事的任何活动,包括制定开放空间规划等(Cuomo,2004)。

6.2.3　地方层面

地方政府享有一定的立法权,具有监督控制土地开发的权利,通过制定地方法规及地方规划,结合其他土地利用控制手段(如区划及土地细分等),对城市规划实施的种种问题(包括对开放空间)提出相应规定。

（1）地方法规、规划及指南

地方政府可以通过制定地方法规对包括开放空间在内的土地利用进行规划控制,如加拿大卡尔加里《市政府法案》(The Municipal Government Act,2000)是对相关土地细分与开发控制等的授权法。除了制定地方法规,地方政府对土地利用及开放空间的规划控制可以通过制定地方规划来实现。按法律制定的地方规划具有法律效力,因此,其中公共开放空间部分就成为城市公共开放空间规划控制的主要手段之一。开放空间规划批准及实施有相应规定,如开放空间规划纳入总体规划需要召开听证会等。

虽然多在州和省的层面制定,但地方层面也会制定相应的开放空间规划标准或指南,对开放空间的开发和建设提出更为细致的要求。例如,美国市级规划指南在对居民需求调查和评价的基础上,制定相应管理策略以满足多方利益诉求;加拿大卡尔加里市《开发指南和标准》(Development Guidelines and Standard)对各类公园与开放空间开发的详细设计和建造指引、规范及景观规划等提出相应要求。

（2）土地利用控制方法

除了制定地方法规、规划及指南,地方政府对土地利用及开放空间的规划控制还可以通过区划或其他土地利用控制方法来实现。

1）区划

区划（zoning）是政府为了控制、引导土地使用和开发,对城市土地进行划分,并分区进行土地利用控制的规划工具,是州政府和地方政府警察权利的体现。区划法经历了几十年的发展历程,形成了相对完整的城市开发控制体系。在发展控制方面,区划法是北美地方政府影响土地开发控制的最主要手段。就其本质而言,区划是一种地方法规,州区划授权法（state zoning enabling legislation）的广泛使用远远早于州规划授权法（planning enabling legislation）（Strong,1965）;地方政府依据州的区划授权法制定区划,区划经批准后成为区划法（Tang et al.,2008）。从区划授权法及区划法到规划实施,都遵循严格的法律程序。区划一经颁布实施,便具有权威性和强制性,对于任何个人或者团体均一视同仁。因此,区划法的表述更确切地反映了其作为地方法规的强制性和权威性。

区划法是关于土地空间用途管制的地方法规,具体到各个城市,区划的内容组成会存在细微差别,但基本的内容高度一致。区划规定了不同类型用地（如居住、商业、工业和开放空间用地）的分布和开发强度等,包括地块划分、土地使用性质、开发强度控制、建筑高度与退界规定等内容,一般会要求开发商满足场地规划审批的要求。区划的成果一般包括区划图则和文本,图则主要反映地块的划分,区划文本对其他区划内容以文字、表格、图示等形式给出。与开放空间保护相关的区划主要有泛洪区区划（flood-plain zoning）、森林区划（forest zoning）、簇群或组团式区划（cluster zoning）及降低密度区划（downzoning）等。

区划法是地方法规的一项重要内容,也是地方开放空间开发控制的重要依据,是地方政府保护开放空间的主要方法之一。只有将城市开放空间规划的内容全面具体地转译为区划法的内容,城市开放空间规划才能得到实施。例如,为适应特殊区域发展需要,美国纽约区划法设置了包括公园、重要街道、历史街区等在内的 43 个特殊目的区,其中多个区域的设立是出于对开放空间的保护,并对其中的部分区域设置了特殊规定,从而有利于维护公共开放空间特色。又如,芝加哥的区划法是将所有公园和开放空间作为一个整体纳入特殊目的区,划定公园和开放空间区(parks and open space district,POS),并对其进行独立的控制规定,包括允许建设、特殊建设、计划建设、附属建设及不允许建设等多种建设属性,对公共开放空间中的建设行为进行精细化的管理(林荟,2011)。加拿大汉密尔顿市公园与开放空间区划则包括城市公园分区(city-wide park zone)、社区公园分区(community park zone)、邻里公园分区(neighbourhood park zone)、小公园分区(parkette zone)、开放空间分区(open space zone)及保护用地分区(conservation/hazard land zone)等在内的六种类型。

2)其他规划控制方法

尽管区划是地方政府开发控制的主要依据,但诸多地方政府并没有采纳区划的方式。在没有区划条例的地区,地方法律会制定相应的场地规划审批要求(Site Plan Approval),对特定开发地块规划设计(包括开放空间部分)进行审查,以确保场地规划设计满足既定标准。在实施管理方面,许多地区开放空间专有条例(open space dedication ordinance)要求开发商提供公共开放空间或付费以替代土地捐赠。这些条例多与设计导则(design guidelines)或场地规划条件(site design review requirements)同时使用。

随着对传统规划控制方法的反思,各级政府陆续推出了更加灵活创新的规划控制政策工具,如土地细分开发费、簇群或组团式区划、奖励区划、降低密度区划或精明准则等。以下对其中的部分内容进行简要阐释。

土地细分(subdivision regulations):在地方层面,土地细分是一种对土地地块划分的法律过程,主要是将大地块划分成尺寸较小的建设地块,并更加细致地规定了土地开发指标,如土地利用、街道模式和公共设施的基本标准,以实现规定的分区用途和对满足地块产权转让的需要。土地细分控制也考虑其他基础设施的可供应范围,如公园和开放空间等服务设施的供应范围等。在开放空间控制方面,土地细分要求开发商留出一定比例的用地作为游憩或公园,或向信托基金缴纳一定的资金用以获取或改善游憩或公园用地。资金缴纳具体的百分比由规划委员会决定。如果开发地块内没有合适的用地,开发商则被要求支付一定的费用或在社区其他地块保留合适的用地(New York Local Open Space Planning Guide)。加利福尼亚、科罗拉多、蒙大拿、新泽西、纽约、华盛顿等州都制定了与土地细分相关法规条例,如要求地方政府制定土地细分、规定地方政府有权要求开发商承担包括开放空间在内的公共设施的建设任务等。

场地规划审批(site plan approval)：尽管区划是北美地方政府开发控制的主要依据,但诸多美国的地方政府并没有采纳区划的方式。1999年一项纽约州政府地方调查(A 1999 Survey of Local NYS Governments)显示,69%的镇,88%的村(villages),100%的市使用区划。在没有区划条例的地区,地方法律会制定相应的场地规划审批要求,对特定开发地块规划设计(包括开放空间部分)进行审查,以确保场地规划设计满足既定标准。

开放空间专有条例(open space dedication ordinance)：在实施管理方面,许多地区开放空间专有条例要求开发商提供公共开放空间或付费以替代土地捐赠。这些条例多与设计导则或场地规划条件同时使用。

土地细分开发费(subdivision exaction)：在地方层面,土地细分开发收费是在保护开放空间方面最为广泛使用的规划控制方法。在开放空间控制方面,要求开发商在开发地块内保留环境敏感区域及公园和游乐场地,这些被保留的区域由社区联合会或实施规划控制的地方行政当局管理(Bengston et al.,2004)。

簇群或组团式区划(cluster zoning)：是另一个地方层面近几十年来广泛使用的保护开放空间、减少开发成本,以及保存现有农业或森林用地的方法。簇群开发允许或要求住房集中在开发用地的特定位置,其他位置作为开放空间保留。有时为了鼓励簇群开发,一些激励机制,如允许建设更多的住房等被采纳。这些被保留的用地可以由开发商、业主委员会、地方政府或私人非营利组织拥有,并按照一定限制性条款对开放空间进行保护。

降低密度区划(downzoning)：与簇群开发相对的是降低密度区划。在乡村地区要求足够大的最小开发面积以抑制居住用地开发。不过这种方法与其说是保护开放空间,不如说是保护社区特征的一种方法。

精明准则(smartcode)：1980年后,精明准则在美国众多地区已经取代传统区划而成为城市开发控制的法定依据。精明准则明确提出了公共空间的专有概念,界定了包括市民空间、公共建筑和通道在内的公共空间类型。同时规定了公共空间中景观的要求,包括绿化和硬质铺地等方面的内容。此外,精明准则的出发点是基于对公共领域的影响来规范私人开发的,这种以公共空间为出发点对地块的控制方式容易形成良好的、完整的、系统性的公共空间形态。精明准则将公共空间作为规划控制的独立元素,与开发地块一起作为控制规划的主要组成部分,对其提出数量、质量和活动类型等方面的具体的控制要求,在满足整体性的同时保证了公共空间的质量。在保留传统区划对建筑形态等控制的基础上,精明准则更加注重对城市公共开放空间特征具有深刻影响的广场、公园、具有公共路权的街道及其他公共空间的控制。如运用精明准则的表达方式,迈阿密对不同类型开放空间(公园、绿地、广场、乡间、花园、儿童游乐场、步行道或景观区域等)分别提出了选址和用地等的相应要求(Miami 21 Code,2014)。

6.3 小结

开放空间在自然生态环境保护与居民户外游憩娱乐方面具有举足轻重的作用,其形成以自上而下为主。因此,开放空间规划控制的政策法规及规划等是保障城市开放空间基本品质的重要依据。本章对北美开放空间保护政策与规划法规在国家、州省和地方层面分别进行分析,对北美开放空间规划控制的主要方法进行分析。北美不同层级政府在开放空间规划方面都具有相应的职责,并且相互协调。城市开放空间规划法规主要在地方政府层面制定,联邦或国家层面并没有直接管理城市规划的行政权力,也没有统一的城市规划法规,但会通过各种途径对州省和地方的城市开放空间规划提出必要的政策引导。虽然城市规划行政管理体系不同,但针对开放空间保护,各州省会制定一系列相关法案或开放空间规划指南。州省对地方的影响远大于联邦政府,地方政府在州省法律的框架下,通过制定地方法规、官方规划及区划等,对开放空间进行规划控制。按法律制定的地方规划和经批准的开放空间规划具有法律效力,是法律规范的重要组成部分,因此成为城市开放空间规划控制的主要手段之一。

虽然某些政策和控制手段可能会存在一定问题,如缺少评价政策、政策实施效果有争议、缺少成套补充政策手段、垂直层面和水平层面的协调有待完善及利益相关者参与等问题;有些法规和规划等可能是在特定的法律框架和规划体系下提出的;如其他类型的规划一样,开放空间规划过程是艺术与技术的结合体,理论上并不存在最好的规划控制体系。但总体而言,北美开放空间规划控制政策法具有多层次协调性、系统规范性及功能并举性;其以人为本的思想体现在其区划法"保护健康、安全和公共福利"等公众利益的终极目标;多种控制方法的出现丰富了公共开放空间保护的手段,极大提升了公共开放空间在城市建设中的地位;其开放空间规划控制政策法规的法律效力也成为确保维护公众利益终极目标得以顺利实现的必要条件。因此,北美近百年的开放空间发展经验对我国开放空间规划控制体系的建构具有积极的借鉴意义。

第7章

案例城市开放
空间规划标准

提供开放空间,并将其作为城市基础设施的重要组成部分,一直是公共政策的重要议题之一。与我国开放空间规划现状相比,国际上尤其是发达国家一般都已形成较为完善的开放空间规划体系及规划标准。在对美国、加拿大、英国和澳大利亚等国典型案例城市最新编制的开放空间规划或标准等进行总结分析的基础上,本章将着重探讨开放空间规划标准的选取及确定依据等问题。

7.1 标准分类

发达国家目前已形成较为完善的开放空间规划控制体系,而开放空间规划标准是最早并最为广泛使用的开放空间规划方法之一。开放空间规划标准的颁布和使用已有较长的历史,最早可追溯到 19 世纪。自 20 世纪以来,国家标准也陆续制定,尤其是在英国、美国和澳大利亚等国。

从供给与需求的角度出发,开放空间规划标准包括供给导向标准(supply standards)和需求导向标准(demands standards)两类(图 7 - 1)。

(1) 供给导向标准包括自然供给与规划供给两方面,两者的差别也与开放空间类型有较为紧密的联系:① 自然供给多见于环境生态学或景观生态学等领域,关注自然资源是否以及在多大程度上能够提供开放空间,目的是保护高质量的自然、生态或景观资源,以自然资源保护(conservation)为主要目标;② 规划供给多见于城市规划相关领域,关注规划供给者是否及在多大程度上能够提供开放空间,目的是从城市规划的角度提供休闲娱乐空间,主要考虑开放空间规划供给的能力和效率,在资金或其他管理运作成本允许的情况下,以满足居民游憩需求为主要目标。

(2) 需求导向标准可以从使用者或供给者两方面考虑:① 规划供给者需求考虑规划供给者的价值取向与目标定位,有时与政治目标相联系;② 使用者需求主要考虑使用者对开放空间的需要;可通过问卷调查或访谈等多种形式来了解各社会阶层、年龄层次、行动能力、性别及民族等不同类型人群的特殊需求,从而制定出适应不同类型人群的开放空间规划标准。

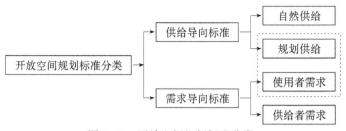

图 7-1　开放空间规划标准分类

7.2　标准选择

多数城市普遍采用规划供给并结合使用者需求的开放空间规划标准。国际上最早使用的开放空间规划方法就是基于使用者需求的开放空间供给标准,主要包括人口比例(population-ratio)、服务范围(catchment area)、用地面积百分比(area-percentage)、设施配置(facility specification)及其他地方标准等(Veal,2012)。Hill 等(1977)意识到开放空间供给标准的局限性,指出应将使用者需要(users' needs)及开放空间类型(open space type)等作为开放空间标准的补充,增加如最小面积(minimal size)、空间分布(spatial distribution)、居住密度(residential densities)及活动类型(types of activities)等标准。

在对超过 50 个案例城市相关规划标准研究的基础上(部分案例见表 7-1),本书将基于使用者需求的开放空间标准概括为五方面内容:分级标准、人口标准、用地标准、选址标准、设施与活动要求(图 7-2)。由于各国计量单位不同,所有面积单位都统一为公顷,长度单位为米或千米,对单位换算过程产生的小数进行四舍五入。

7.2.1　分级标准

个别地区和城市不设分级标准,而是对开放空间提出统一要求,如北爱尔兰;或用分类标准取代分级标准,如渥太华或圣弗朗西斯科。但多数案例城市根据服务和影响范围,将开放空间分为邻里(neighborhood)、社区(community)、地方(local)、地区(district)、城市(city)和区域(regional)等不同级别。由于所在国家或地区人口总量及土地利用强度等因素存在差异,其开放空间不同等级所服务的人口规模相差较大。不同地区和城市多依据自身情

表7-1 案例城市和地区开放空间相关规划标准

国家	地区	规划/政策	面积比例	开放空间等级	面积要求	千人指标	带状空间要求	类型/设施要求	服务半径与覆盖范围	活动类型/用途
美国	迈阿密	迈阿密公园与开放空间总体规划2007		目的地公园	>1.214 hm²					
				社区公园						
				线性公园						
				邻里公园	<1.214 hm²				中期目标800 m，长期目标约400 m	
	波士顿	开放空间规划(草案)2015~2021		口袋公园	<0.1 hm²				161 m	广场
				邻里公园	0.1~2 hm²				400~800 m	多种功能
				社区公园	>2 hm²				约800 m	多种功能、大型设施
	圣弗朗西斯科	圣弗朗西斯科规划之游憩部分2014							约800 m；儿童为主的活动空间约400 m	对积极与消极的活动空间提出定性要求
加拿大	安大略省	公共活动设施标准指引		家庭导向开放空间					<152.5 m	满足审美要求，容纳非正式的动态与静态的活动，如静坐、阅读，日光浴，儿童游乐和家庭活动等
				家庭或次邻里共用空间	<0.81 hm²				视觉上可达，91.4~402.5 m	在高密度地区尤为重要，提供视觉松和审美要求，容纳非正式的动态与静态的活动，聚会、散步、慢跑和遛狗的空间

续表

国家	地区	规划/政策	面积比例	开放空间等级	面积要求	千人指标	带状空间要求	类型/设施要求	服务半径与覆盖范围	活动类型/用途
加拿大	安大略省	公共活动设施标准指引		邻里空间	1.62~8.1 hm²	服务5 000人			400~800 m	满足邻里兴趣,可以包括小团体活动的运动场地,户外溜冰、戏水,特殊的活动及非正式的被动的活动的活动等
				社区空间	6.075~8.1 hm²	服务若干邻里或15 000~25 000人			800~2 415 m;步行、自行车和公共交通可达	容纳社区社会、文化、教育和体育活动,多功能,常年全天候的活动,非正式对抗性运动的活动空间
				城市空间	10.125~81 hm²			应与其他开放空间联系	全市所有居民自驾车或公共交通可达、<1/2 h车时间	提供特殊的设施为全市居民服务,保护独特的历史、文化和自然区域
				区域空间	>202.5 hm²				服务于两个或多个城市、公共交通可达、<32.2 km或全1 h车程	保护自然资源的特殊区域,多包括的活动类型,如全天野餐和野营等活动
	多伦多	多伦多公园规划 2013~2017		小公园	一般 <0.5 hm²		步行可达	无需配置停车场;需要配置灯光照明、艺术品、花坛、座椅、儿童游乐场、遮荫设施等	步行距离内	主要用于一些安静的和静态的娱乐,非正式的活动与审美享受

续表

国家	地区	规划/政策	面积比例	开放空间等级	面积要求	千人指标	带状空间要求	类型/设施要求	服务半径与覆盖范围	活动类型/用途
加拿大	多伦多	多伦多公园规划 2013~2017		邻里公园	一般 >0.5 hm²		设置小径和人行通道	无需配备停车场;需要配置烧烤,花园,运动场,球场,戏水池,野餐区	5 min 步行距离	用于静态的享受和有限数量的积极动态的娱乐
				社区公园	>3 hm²		步道与自行车道可达	可以包括停车场,公共交通可达;提供运动场、球场、游泳池、卫生间、花园、野餐、社区聚会区	15 min 步行距离	提供邻里公园不具备的特殊功能和活动;动态运动和娱乐活动及适当静态的娱乐活动
				地区公园	>5 hm²		提供游步道和自行车道并与其他该类经路联系	提供停车场及供大型活动和集会使用的其他设施;包括运动场、球场、游步道、野餐区等	步行、开车或公交可达	作为娱乐中心提供邻里和社区不具备的特殊娱乐功能的运动和静态的休憩活动
				城市公园	尺度和形状不同,一般 >15 hm²		与游步道和自行车道联系并通过城市公园路系其与其他城园联系	提供停车场,包括运动场、游步道、滑雪等活动道、滑雪等活动	步行、自行车、驾车及公交多种方式可达	提供特殊的静态的和动态的娱乐活动及全市层面的活动;以及作为旅游目的地,反映自然景观,历史和文化特性等

续表

国家	地区	规划/政策	面积比例	开放空间等级	面积要求	千人指标	带状空间要求	类型/设施要求	服务半径与覆盖范围	活动类型/用途
加拿大	阿尔伯特落基山景县	落基山景县公园与开放空间总体规划 2011		邻里公园	2~4 hm²	1.62 hm²/1 000人	尽量与步道或游径系统联系		1 km	多为静态的娱乐活动,也可包含动态的娱乐设施
				社区公园	16~40 hm²	约2 hm²/1 000人	尽量与步道或游径系统联系		3 km	满足动态的娱乐活动,小的社区公园也提供静态娱乐活动的机会
				区域公园	200~400 hm²	约4 hm²/1 000人	尽量与步道或游径系统联系		15 km	供全区服务,提供与各种使用者年龄匹配的设施
英国	北爱尔兰	开放空间、运动和户外游憩规划政策 2004	开放空间面积不小于总用地面积的10%；300套以上或15 hm²以上的开发项目,开放空间面积约占总用地面积的15%			最小"户外活动空间"2.4 hm²/1 000人(其中户外活动场地:1.6 hm²/1 000人,儿童游戏空间:0.8 hm²/1 000人)		100套以上住宅开发,要求设施齐全的儿童游乐区域作为整体开发的组成部分	400 m	
	伦敦	伦敦开放空间战略 2014		区域公园	400 hm²	0.06 hm²/1 000工作日白天人口			3.2~8 km	
				大都市公园	60 hm²				3.2 km	

续表

国家	地区	规划/政策	面积比例	开放空间等级	面积要求	千人指标	带状空间要求	类型/设施要求	服务半径与覆盖范围	活动类型/用途
英国	伦敦	伦敦开放空间战略 2014		地方公园	20 hm²				1.2 km	
				地方公园与开放空间	2 hm²	0.06 hm²/1 000 工作日白天人口			400 m	
				小型开放空间	<2 hm²				<400 m	
				口袋公园	<0.4 hm²				<400 m	
				线性开放空间	—				—	
澳大利亚	维多利亚州	开放空间规划与设计指引 2013	居住用地范围内约10%的净可发展用地(NDA)作为开放空间,其中 6%的 NDA 用于动态的开放空间	地方	>0.5 hm²,最小宽度 30 m	积极开放空间 2 hm²/1 000 人			150~300 m,随人口密度和现状条件作等不同	
				邻里	>0.75~2 hm²,最小宽度 50 m		如在河流或湖泊,一般情况下,30 m 宽度		500 米	主要服务于邻里
				次级地区	5~6 hm²	动态开放空间 2 hm²/1 000 人大多数地区		提供适宜运动设施		以静态活动空间为主
				地区	可达到 10 hm²				1 km	提供多种活动,包括动态与静态的活动
				镇	可达到 10 hm²	3.36 hm²/1 000 人(不包括学校操场)			位于镇中心,附近社区可开车可达	
				市	>3 hm²			配置停车场,提供运动设施	2 km	动态与静态活动
				区域	10~30 hm²					反映历史、文化、环境意义
				州						与特殊的环境、景观、文化价值等相联系

111

续表

国家	地区	规划/政策	面积比例	开放空间等级	面积要求	千人指标	带状空间要求	类型/设施要求	服务半径与覆盖范围	活动类型/用途
澳大利亚	西澳大利亚	公共开放空间设计指引2013		公园	地方	0.5~2 hm²	2.83 hm²/1 000 人			400 m
澳大利亚	新南威尔士	娱乐和开放空间规划指引2010		公园	地方 0.5~2 hm²	2.83 hm²/1 000 人			400 m	
					地区 2~5 hm²				2 km	
					区域 >5 hm²				5~10 km	
				线性空间联系	地方 <1 km				na	
					地区 1~5 km				na	
					区域 >5 km				5~10 km	
				户外运动空间	地方 5 hm²				1 km	
					地区 5~10 hm²				2 km	
					区域 >10 hm²				5~10 km	
中国	香港	香港规划标准与指引2014		地区性开放空间		>1 m²/人				动态的和静态的开放空间比例为3:2
				地方性开放空间		居住用地>1 m²/人;工业办公商业用地>0.5 m²/工人			400 m	以静态活动为主,因此这一比例不作要求

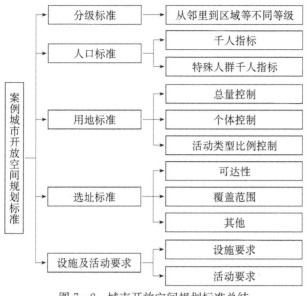

图 7-2 城市开放空间规划标准总结

况,选取其中若干等级或增加其他等级形成其开放空间等级体系。开放空间
规划标准多依据理论上的分级标准进行控制,并分别提出相应指标(Wilkinson,
1983)。

7.2.2 人口标准

人口标准指在开放空间规划中,按照每千居民拥有的开放空间用地面积
作为城市开放空间的控制指标。开放空间规划国家标准最初阶段即引入了千
人指标的方法(或采用人均指标的表述),个别城市(如伦敦)特定地区按照工
作日白天就业人口作为统计基数。

7.2.3 用地标准

开放空间用地标准包括总量控制、个体控制及活动类型用地比例控制三
方面。总量控制指开放空间用地占总用地或开发用地的比例,是从整体上衡
量一个地区的开放空间水平;个体控制标准指开放空间最小面积或带状空间
最小宽度等标准;活动类型比例控制多指对静态活动与动态活动空间的比例
要求(静态开放空间主要是为娱乐游戏与简单非正式的体育活动提供的空间,
动态开放空间主要是为正式户外运动提供的空间)。

7.2.4 选址标准

选址标准通常包括可达性与覆盖范围两项标准。一般可达性（universal accessibility）指居民采用某种交通方式（包括步行、自行车、公共交通与私人交通等），能够便捷安全抵达开放空间的时间或空间距离标准（如采用 400 m 或 5 min 步行距离等）。覆盖范围指特定可达性要求所覆盖的用地面积占总用地面积的比例。除以上选址标准，案例城市开放空间规划也对其他选址标准提出定性或定量要求，如不同级别开放空间与小学或中学、与道路交通主次干道及与居住区之间的位置关系等要求。

7.2.5 设施与活动要求

案例城市开放空间规划设施要求主要分为配套设施要求与活动设施要求两方面的标准。配套设施要求主要集中在对停车场、座椅、公厕等方面的控制；活动设施要求主要针对静态的休闲娱乐设施（如野餐区等）和动态的户外运动设施（如球场等）的控制。个别规划还对不同等级开放空间中所包含的具体设施提出详细要求。有些开放空间规划针对不同等级开放空间提出相应的活动建议和要求，包括有组织的活动或节庆活动及自发活动等。如多伦多公园规划（Parks Plan 2013~2017）针对不同等级公园分别提出了相应的设施要求和活动要求（表 7-2）。

表 7-2　多伦多公园规划设施与活动要求

公园等级	设 施 要 求	活 动 要 求
小公园	灯光照明、座椅、长椅及遮荫设施等；儿童游乐场、艺术作品、园艺展示和自然的花园	空间允许的情况下提供非正式的游乐活动；通过公共艺术或特色植被满足审美要求；非正式的使用或节庆活动
邻里公园	配套设施同上；烧烤炉、社区花园、凉亭、运动场、地方使用的体育场、球馆、戏水池及野餐区域等	静态的欣赏，休息以及非正式的游乐活动；有限的有组织的动态休闲娱乐及特殊节庆活动，必须尊重其他公园使用者、附近居民及邻里特征；满足地方需求的动态有组织的活动等；例如小规模的家庭和社区野餐、小规模的邻里集会及表演等

续表

公园等级	设 施 要 求	活 动 要 求
社区公园	洗手间、运动场馆、游步道、室外游泳池、人工或自然的冰场、看台、儿童花园、供野餐或社区集会或节庆活动的开敞空间等	有组织或自发的运动和休闲娱乐活动、社区节庆活动及集会、地方的静态活动。例如家庭和社区野餐、当地学校的运动会、食品与手工艺市场、社区集会和运动竞技活动等
区域公园	露天剧场,户外溜冰道,运动场馆,体育场和竞技场,装饰性喷泉,与公园外游径系统相联系的游步道,供野餐、社区集会或节庆活动的开敞空间等,如果可以避免影响附近居民,则可配置供活动使用和社区节庆活动的灯光照明,尽量包括并保护自然环境、生物栖息地及树木植被等	有组织或自发的运动和休闲娱乐活动、社区节庆活动及集会、花园和自然景观欣赏、静态活动等。例如家庭和社区野餐、戏剧及表演、学校运动会、食品与手工艺市场、社区集会和运动竞技活动等
城市公园	露天剧场、沙滩、滑雪丘陵、高尔夫球场、竞技体育场馆、木栈道、与其他游径系统相联系的主要游步道、与自然网络系统相联系的重要自然区域	特别的静态或动态的休闲娱乐活动,有组织或自发的运动和休闲娱乐活动,对具有文化、历史或自然环境重要性的公园或自然的欣赏。例如家庭或社区聚会、戏剧或表演、学校运动会、食品与手工艺市场、社区集会和运动竞技活动等

资料来源：Parks Plan 2013—2017，Toronto

7.2.6　其他要求

尽管各地区普遍采用统一标准,但许多案例城市也从使用者需求的角度对规划标准进行细分。例如,部分城市提出了基于需求的开放空间可达性等标准:迈阿密公园与开放空间总体规划分析了不同年龄人群,包括儿童、青少年及65岁以上老人的可达性与覆盖范围;多伦多公园规划主要基于对调查问卷的分析获取居民需求。除了一般可达性要求,开放空间规划也涉及残疾人可达性标准,主要是依据各地残疾人规划相关标准进行单独控制,如《美国残疾人法案》(The Americans with Disabilities Act of 2010,ADA)的可达性设计标准(standards for accessible design)及户外开发指南(the guidelines for outdoor developed areas),或加拿大多伦多公园规划必须遵循的《加拿大安大略省残障人士人可达性法案》等(The Accessibility for Ontarians with Disabilities Act，2005)。

7.3 定量标准指标解读

各级政府一般通过编制技术规范和标准对开放空间规划的内容、过程、方法和指标等进行控制。在开放空间用地的游憩与保护两种用途中，游憩用途一般被赋予了更多的定量控制标准。多数规划当局采用的游憩区域标准根植于20世纪40年代国家游憩协会(The National Recreation Association，NRA)制定的标准。该标准提供了不同游憩区域最小面积及千人指标两项标准。其后美国规划师协会刊登的1965年制定的户外游憩区标准(standards for outdoor recreational areas)及后来更名的美国国家游憩和公园协会(National Recreation and Park Association，NRPA)1990年制定的《游憩公园与开放空间标准与指南》(Recreation，Park and Open Space Standards and Guidelines)，以及在1995年制定的《公园、游憩、开放空间与绿道规划指南》(Park，Recreation，Open Space and Greenway Guidelines)，对国家与行业标准进行更新与完善。

针对以上标准，根据所在城市特点，案例城市普遍对其中大多数标准都提出定性要求；对需要严格控制或有特定要求的指标进行了定量化的控制。以下将对其中定量标准指标进行解读，并对受城市人口密度影响较大的指标进行分类解读。

7.3.1 千人指标

人均标准是经常使用的开放空间标准，如世界卫生组织(World Health Organization)提出最低9 m^2 的人均绿地面积标准(Reyes et al.，2014)。加拿大蒙特利尔2010年提出的人均12 m^2 的绿色空间标准等。

除人均指标，千人指标是案例城市普遍采用的人口标准的表达方式。已有案例城市千人指标按照国家标准或依据规划师和地方经验制定，一般不分级，对整个城市采用统一标准。如低密度城市要求2.4～3.36 hm^2/1 000人开放空间不等，相当于人均24～33.6 m^2 的标准。例如，英国北爱尔兰规定了公共开放空间2.4 hm^2/1 000人的标准；基于英国20世纪早期制定的标准，澳大利亚新南威尔士采用2.83 hm^2/1 000人的标准。《斯蒂芬森-赫本规划》(The Stephenson-Hepburn Plan)指出，多数地区采用3.36公顷/1 000人的标准(不包括学校操场)足以满足公共开放空间的要求。

但部分地区针对不同等级开放空间、特定类型人群或特定区域分别提出千人指标要求。如针对不同等级开放空间,加拿大阿尔伯塔落基山景县提出邻里公园约 1.6 hm^2/1 000 人、社区约 2 hm^2/1 000 人、区域公园约 4 hm^2/1 000 人的分级标准。如相比低密度地区而言,密度较高的地区对特定区域的千人指标提出较低要求,如香港针对居住用地提出人均大于 1 m^2 的开放空间标准,伦敦开放空间战略还针对特定区域提出工作日白天人口人均 0.6 m^2 的开放空间标准。美国加州除了对整个区域的千人指标进行规定外,还在规划中对每个人口普查地块的千人指标分别进行评价(图 7-3)。

图 7-3　美国加州人口普查地块公园千人指标
资料来源:2015 Statewide Comprehensive Outdoor Recreation Plan,California

7.3.2　用地比例标准

针对用地标准总量控制,多数国际案例城市并没有提出开放空间占用地面积比例的要求,只有在英国和澳大利亚的个别地区提出该项要求。例如,英国北爱尔兰《开放空间、运动和户外游憩规划》(Open Space,Sport and Outdoor Recreation,2004)规定公共开放空间面积一般不小于总用地面积的 10%;澳大利亚维多利亚州提出居住用地范围内约 10% 的净可发展用地作为开放空间,其中 6% 的用于动态的开放空间。澳大利亚新南威尔士(NSW)对不同类型和等级开放空间占非工业用地面积的比例分别提出了相应的要求，如要求地方公园(local parks)和地区公园(district parks)分别占非工业用地的2.6%及0.6%。美国案例城市虽然没有提出用地比例要求，但并不意味着其他美国城市对此没有要求，如《斯蒂芬森-赫本规划》要求开发净用地的10%由开发商提供作为公共开放空间。

对于私人开发而言，美国大部分土地细分项目或规划单元开发(planned unit developments)需要提供一定比例的开发用地作为公共开放空间。这一比例是针对住房密度、商业空间和公共设施等开发内容进行直接谈判来确定的。公共开放空间用地比例的要求往往源于公众参与规划的过程，是一般小地块开发所没有的。如美国丹佛的斯泰普尔顿(Stapleton)开发商被要求提供25%的土地面积作为公园、娱乐和栖息地恢复(Austin，2014)。

7.3.3 最小面积标准

针对用地标准个体控制，由于所在区域人口及用地规模不同，案例城市对各级公园和开放空间最小面积要求存在较大的差异，尤其在宏观和中观层面。如城市或地区层面开放空间最小面积要求多在 $10 \sim 20 \, \text{hm}^2$，但密度较低的地区如加拿大安大略省规定城市层面开放空间面积在 $10 \sim 81 \, \text{hm}^2$。社区开放空间最小面积从 0.75 到 $40 \, \text{hm}^2$ 不等。人口密度较高的地区如波士顿和伦敦为 $2 \, \text{hm}^2$ 以上，多伦多为 $3 \, \text{hm}^2$ 以上，澳大利亚维多利亚州则给出 $0.75 \sim 2 \, \text{hm}^2$ 的区间为社区开放空间；对于人口密度较低的地区，如加拿大安大略省提出 $6 \sim 8 \, \text{hm}^2$ 为社区开放空间，而对阿尔伯塔落基山景县(RVC)，这一范围则提高到 $16 \sim 40 \, \text{hm}^2$。但是在微观层面，对开放空间最小面积的规定差异较小。例如，多数邻里开放空间面积都小于 $2 \, \text{hm}^2$，但对人口密度较低的安大略省和阿尔伯塔落基山景县，这一标准有所不同，分别规定 $1.62 \sim 8.1 \, \text{hm}^2$ 及 $2 \sim 4 \, \text{hm}^2$ 的邻里开放空间。口袋公园的面积一般小于 $0.4 \, \text{hm}^2$ 或 $0.5 \, \text{hm}^2$。

针对公园连接系统或绿道规划等旨在提高开放空间联系度与可达性的专项规划，案例城市一般只确定联系通道在城市中的空间位置，并没有提出其他定量要求。如加拿大多伦多提出开放空间主要联系路径分布，迈阿密也对公园与开放空间联系路径进行了规划控制。个别地区则对线性开放空间提出最小宽度的要求，如西澳大利亚提出最小宽度 30 m 的要求。捷克(Czech)标准认识到生态走廊(corridor)的宽度和长度的关联性，提出在邻里规模，1 000~

2 000 m 长度的廊道是与 10～20 m 的最小宽度相匹配的。在乡村层面,400～1 000 m 的最大距离是与 20～50 m 的最小宽度相匹配的。

7.3.4　可达性与覆盖范围标准

早在 16 世纪晚期,英国即引入第一个开放空间可达性标准,规定居民应在距离开放空间 3 mi(约 4.83 km)的距离内(Austin,2014)。世界卫生组织提出居民应距离开放空间 15 min 步行距离内(Reyes et al.,2014)。近期最新的标准得到推广,如自然英格兰(English Nature/Natural England)标准规定每个住宅 1 000 ft(300 m)范围内应有至少 5 acre(2 hm²)的绿色空间,1.25 mi(约 2 km)范围内可抵达占地 50 acre(20 hm²)的绿色空间(Austin,2014)。英国城市绿色空间工作组(The Urban Green Spaces Task Force,2002)建议,任何人应居住在距离最近的至少为 2 hm² 自然绿地区域 300 m 范围内。又如美国国家游憩和公园协会、公共土地信托和新城市主义协会(Congress for New Urbanism),指出城市公园要使得所有城镇居民在 400 m 范围内可达(Dai,2011)。

以上标准是根据绿色空间面积的大小及出行距离来确定服务范围的,而多数案例城市是按照不同出行方式的出行时间或出行距离来确定不同等级开放空间的服务范围的。案例城市对不同等级公园与开放空间一般可达性要求存在一定共性。城市级可达性从 2 km 到 1.5 h 车程不等,关键取决于城市规模;社区级多规定 800 m 或 15 min 步行距离,在人口密度较低的地区,服务半径可达 2～3 km;邻里级多数规定 400 m 或 5 min 的步行距离,少数城市如多伦多规定了 500 m 服务半径,在人口密度较低的城市,如阿尔伯塔落基山景县以 1 km 作为服务半径;小公园或口袋公园的服务半径多在 300～400 m。但不同人群的步行速度存在较大差异,因此这一标准不能很好反映人群使用的多样性。

有些案例城市还对开放空间覆盖范围进行分析并提出相应规定。覆盖范围是公园绿地所覆盖的面积或人数比例。如美国加州对每个人口普查地块按照 0.5 mi 服务半径计算覆盖范围,找出未被覆盖的区域(图 7-4);澳大利亚维多利亚州要求 95% 的住区在 400 m 服务半径范围内;纽约市提出让所有纽约人住在距公园 10 min 步行距离范围内的规划目标。

7.3.5　活动类型比例标准

活动空间是与支持不同活动的设施紧密联系的。除了物质要素差别,开

图 7 - 4　美国加州人口普查地块公园覆盖范围分析
资料来源：2015 Statewide Comprehensive Outdoor Recreation Plan，California

放空间最主要的差异是其所包含的活动内容。早在 1954 年，底特律大都市区区域规划委员会游憩娱乐标准就确定了动态开放空间和静态开放空间的比例。针对用地标准中活动类型比例控制，有些案例城市对这一指标提出定性要求，如圣弗朗西斯科开放空间规划；一些地区的规划师则认为公园和游憩娱乐用地的 30%～50%应作为动态游憩娱乐用地；个别地区如香港，对地区性开放空间提出静态活动与动态活动空间 2:3 的比例要求。

7.4　定量标准选择及依据

　　案例城市有选择地采用定量标准中的部分指标(表 7 - 3)。其中最普遍使用的是分级标准、最小面积要求、可达性及活动要求等几项标准。加拿大、英国、澳大利亚及中国的案例城市都普遍采用千人指标标准，但美国的案例城市没有采用；只有英国北爱尔兰及澳大利亚维多利亚州采用了开放空间占总用地面积比例的标准；个别城市采用活动类型用地比例或设施要求等标准。如加拿大文化游憩部(Canadian Ministry of Culture and Recreation)制定的公共游憩设施标准指南(Guidelines for Developing Public Recreation Facility Standards)就采用了分级标准、千人指标、可达性标准和面积标准等几项指标(表 7 - 4)。

表7-3　定量标准采纳情况

国家	城市或地区	分级标准	人口标准	用地标准				选址标准	设施配置标准	
			千人指标	面积要求	带状空间要求	面积比例	活动类型用地比例	可达性	设施要求	活动要求
美国	迈阿密	Y	—	Y	—	—	—	Y	—	—
	波士顿	Y	—	Y	—	—	—	Y	—	Y
	圣弗朗西斯科	—	—	—	—	—	—	Y	—	Y
加拿大	安大略省	Y	—	Y	—	—	—	Y	—	Y
	多伦多	Y	—	Y	—	—	—	Y	Y	Y
	阿尔伯特落基山景县	Y	Y	Y	—	—	—	Y	—	Y
英国	北爱尔兰	—	Y	—	—	Y	—	Y	Y	—
	伦敦	Y	Y	Y	—	—	—	Y	—	—
澳大利亚	维多利亚州	Y	Y	Y	Y	Y	—	Y	—	Y
	西澳大利亚	Y	Y	Y	—	—	—	Y	—	—
	新南威尔士	Y	Y	Y	—	—	—	Y	—	—
中国	香港	Y	Y	—	—	—	—	Y	Y	—

注：Y表示采纳，—表示未采纳

表7-4　加拿大开放空间标准

分级标准	千人指标	服务半径/mi	面积标准/acre
游乐场	0.25~0.5	1/8~1/4,通常1/4	0.6~2(通常0.5)
小公园(口袋公园)	0.5	1/8~1/4	0.06~1(通常0.5)
邻里公园	1~2	1/2~3,通常1	1/4~20(通常6)
社区公园	1~2	1/2~3,通常1	4~100(通常8~25)
城市公园	5	1/2~3,通常2(或1/2 h车程)	25~200(通常100)
区域公园	4~10	20(或1 h车程)	25~1 000(通常100~250)
总　计	11.75~20		

资料来源：Average Open-space Standards Across Canada，Guidelines for Developing Public Recreation Facility Standards，Canadian Ministry of Culture and Recreation

案例城市是如何选择开放空间规划标准的,其中定量标准确定的依据又是什么? 通过对案例城市开放空间相关规划的分析,发现适合地方的开放空间供给标准的确定主要基于默认的标准,如国家或省级标准等,并结合对当地现状和发展分析而确定(图 7-5),其中地方需求分析主要基于如下方面考虑:人口特征和现状、公园与开放空间供给现状、居民需求、用地可得性、人口增长趋势、地方旅游需求、公众保护自然和开放空间意愿、地方规划管理制度及参考相关规范或其他城市的标准等。

图 7-5　适合地方的开放空间供给标准确定过程

资料来源:Recreation and Open Space Planning 2010,NSW

这里仅以美国圣弗朗西斯科为例简要说明各地如何根据现状进行开放空间标准选择和确定。几乎所有城市都使用分级标准,但圣弗朗西斯科并没有对开放空间提出明确的分级标准,而是以开放空间类型为基础;也没有对千人指标、最小面积、面积比例等多项指标提出明确的定量化要求。究其原因,主要是圣弗朗西斯科开放空间资源相当充足:人均公园用地位居美国城市前五名,公共开放空间占整个城市面积的 20%。因此,在满足总量供给的情况下,将规划重点放在空间分布合理化上。规划考虑现状运动空间、休闲空间、儿童游乐场等步行可达覆盖范围,同时分析了人口密度分布、家庭收入分布、少年儿童及老年人口密度分布,以及未来人口增长趋势分布;在综合分析以上影响因素的基础上,得出开放空间需求强度分布(图 7-6),为开放空间规划布局提供依据。

7.5　案例城市开放空间指标现状

相对于标准而言,不同城市开放空间现状指标,如千人指标、用地比例或可达性等,存在较大差异。这些差异也是导致不同城市在开放空间规划中会采用不同标准和要求的主要因素之一。

通常情况下,小城市能提供比大城市更多的人均公园面积(Austin,2014)。世界主要省会城市人均绿色开放空间面积从 15 到 25 m^2 不等(Aldous,2010)。根据加拿大绿色空间调查(Green Space Canada Survey),在

图 7 - 6　圣弗朗西斯科开放空间需求强度分布

资料来源：Recreation and Open Space，an Element of the San Francisco General
Plan 2014

加拿大的城市中,千人指标的范围从 0. 7 到 6 hm² 不等,平均 2. 79 hm²/1 000
人。如图 7 - 7 所示,几乎所有的城市都满足或超过开放空间千人指标的标
准。不仅人均面积存在差异,根据不同人口基数计算的人均面积也存在巨大
差异。如澳大利亚省会城市居住人口及日间人口人均绿色空间面积的差异明
显(表 7 - 5)。但总体而言,相比亚洲和欧洲的许多国家,美国、加拿大及澳大
利亚人均开放空间面积比例较高。

　　城市开放空间用地比例现状指标往往也存在较大差异。如 Singh(2010)
等对世界主要省会城市的调查发现,绿色开放空间占城市总用地的比例从
20% 至 30% 不等(Aldous,2010)。Fuller(2009)等对欧洲 31 个国家开放空
间调查表明,绿色开放空间面积比例从 1. 9% 至 46% 不等,欧洲北部比南部国
家具有更高的开放空间比例(Aldous,2010)。作为美国全国性的非营利性组
织,公共土地信托(the trust for public lands)开发了一种方法对美国 40 个最

123

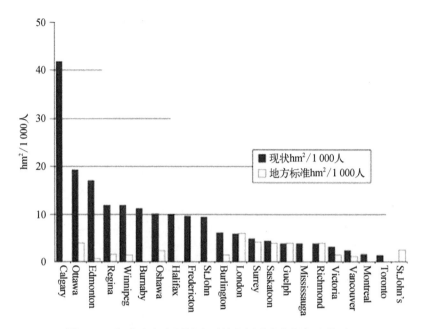

图 7-7　加拿大各主要城市开放空间千人指标与现状对比

资料来源：Green Space Canada Survey

表 7-5　澳大利亚省会城市绿色空间现状（2010）

省会城市	面　积 / hm²	绿色空间 比例/%	人口类型	人口数量	人均绿色空间 面积/m²
墨尔本 Melbourne	560	40.0	居住人口	1 000 000	69.1
			日间人口	81 000	5.6
霍巴特 Hobart	7 790	45.0	居住人口	49 611	56.2
			日间人口	205 043	237.0
悉尼 Sydney	387	49.0	居住人口	156 000	24.8
			日间人口	1 000 000	3.87
布里斯班 Brisbane	13 819	48.0	居住人口	1 052 458	138.2
			日间人口	176 620	782.4
堪培拉 Canberra	13 960	50.0	居住人口	60 000	2 326.7
			日间人口	347 000	402.3
阿德莱德 Adelaide	13 960	50.0	居住人口	1 181 989	36.6
			日间人口	205 000	6.4

省会城市	面　积 / hm²	绿色空间 比例/%	人口类型	人口数量	人均绿色空间 面积/m²
达尔文 Darwin	800	47.0	居住人口	90 000	88.9
			日间人口	105 990	75.4
珀斯 Perth	540	45.0	居住人口	16 533	326.6
			日间人口	100 000	54.0

资料来源：Australasian Parks and Leisure，2010

大的城市进行评估，几项测量标准就包括公园绿地面积占城市面积比例。40个城市中，公园绿地占城市面积的百分比从弗雷斯诺(Fresno)的 2.1% 到圣地亚哥(Sand Diego)的 22.8% 不等，中位数为 9.1%。澳大利亚省会城市具有较高的绿色空间用地比例，一般都高于 40%(表 7-5)。

以公园面积和覆盖范围为例，美国公共土地信托对 40 个最大城市进行评价，发现平均公园面积大小从 0.6 acre(约 0.24 hm²)到 19.9 acre(8.05 hm²)不等，中位数为 4.9 acre(1.98 hm²)。根据从居住地到公园入口步行 10 min(0.5 mi)计算的，沿途没有障碍物的公园绿地覆盖居民范围，从夏洛特(Charlotte)的 26% 至圣弗朗西斯科(San Francisco)的 98% 不等，平均/中位数为 57%。该数据表明，超过 40% 的美国人没有达到推荐的公园绿地可达性标准(Austin，2014)。

7.6　小结

本章主要分析了基于使用者需求的开放空间规划标准，主要包括分级标准、人口标准、用地标准、选址标准、设施及活动要求等。案例城市有选择地采用定量标准中的部分指标，其中最普遍使用的是分级标准、最小面积要求、可达性及活动要求等几项标准。这些指标主要是基于默认的国家或省级标准等，并结合当地现状和发展分析而确定。

第**8**章

开放空间供给模式

公平和效率是城市公共物品供给和管理的重要原则,也是衡量城市政府执政能力和管理水平的重要标志。政府干预公共产品的主要方式是通过财政金融等经济手段和法律法规等行政手段。除了政府,公共产品的供给还依赖市场其他力量的参与。开放空间作为公共物品的特性决定了其公共价值和公共利益的特性。相关政策效力的发挥在很大程度上取决于采取怎样的规划方法、量化与质性标准等,但采用何种方式对开放空间进行有效的供给则是政策效力发挥的前提。

作为城市重要的公共物品之一,开放空间规划建设的参与者可以分为供给者和使用者,供给者主要包括政府或开发商等,使用者主要包括公众。根据美国学者 Staeheli 等(2008)的研究,公共空间包括相互联系又彼此独立的三方面权力,即所有权、管理权和使用权。作为公共物品的城市开放空间的规划建设与管理应是城市政府部门的职责,所有权和管理权等归政府部门,供所有社会成员共享和使用。但在现实中,由于开放空间投资主体的多元化,开放空间的供给不仅局限于政府这一单一主体,其他部门或机构也可以提供并进行管理,从而形成多种开发模式。例如在 19 世纪后期和 20 世纪初,美国的城市公园等开放空间主要依靠政府财政拨款;二战后,开始采用通过不同土地私有者提供公共开放空间等的策略。再如加拿大阿尔伯塔帕克兰县(Parkland County)的游憩、公园与开放空间总体规划(Recreation, Parks and Open Space Master Plan)提出的资金运作模式即是多种模式的组合。

开放空间所有权可以包括完全公有、公私共同所有和完全私有三种;其管理权也可以分为完全公共管理、公私合作管理、完全私人管理三种模式。根据开放空间使用者的范围,其使用权可分为完全公共使用、有条件的公共使用和供部分公众使用三种类型。虽然开放空间的所有权和管理权主体在某些情况下相互分离,但多数情况下,其所有权与管理权高度统一。因此,本书将开放空间所有权与管理权主体统称为开放空间的供给主体。

8.1 政府主导的公共部门模式

尽管开放空间并不一定都由公共部门提供,但从经济上来说开放空间的收益并不一定能覆盖成本,因此对于私人来说,缺乏自愿提供开放空间的激励。例如,公园的门票收入并不能满足公园建设维护的资金需求(Choumert et al.,2008)。基于此,开放空间供给多依赖政府等公共部门。

城市开放空间的投资、建设、管理和运营有时分属不同的政府部门,在这个过程中需要各个政府公共部门之间的协调合作。这种模式以城市政府为主,通过政府资金的合理分配,提供新的或改造现有公园或开放空间,在公众参与过程中得到市民的认可,建成后置于相关部门的管理之下。

在美国,存在三级政府为公众提供公共服务,包括联邦政府(Federal Government)、州政府(State Government)和地方政府(Local Government)。各级政府在承担公共服务职责方面存在显著差异,但都会参与到开放空间的规划建设与管理中。

美国联邦机构在开放空间供给中发挥了积极的作用,尤其是对沿美国主要河流的开放空间供给。联邦机构主要负责保护自然与文化资源和遗址,而非提供人为开发的游憩用地。通过国家公园管理局 NPS(The National Parks System)、鱼类和野生动物管理局(The Fish and Wildlife Service)、土地管理局(The Bureau of Land Management)、陆军工兵队(The Army Corps of Engineers)以及农垦局(Bureau of Reclamation)等机构实现对国家公园、森林、沙漠、湖泊、水库等公共开放空间的供给与管理。如国家公园管理局《河流、游径及自然保育援助计划》(Rivers,Trails,and Conservation Assistance Program,RTCA)服务于美国许多城市地区。又如美国国家公园采取的是典型的中央集权型的管理机制,实行联邦政府—国家公园管理局—下属地方局的三级垂直管理,地方政府、其他组织及个人无权介入国家公园的管理,具有较强的独立性(刘琼,2013)。此外,国家公园管理机构的管理人员由国家公园管理局统一调配,直接任命,并有强大的志愿者服务系统。国会财政拨款、国家公园收入和捐赠是国家公园资金的主要来源。

美国城市开放空间系统规划制定或资金提供方面,州政府几乎总是重要的合作伙伴,州的自然资源、环境及交通部(The Departments of Natural Resources,Environment,and Transportation)等在开放空间规划编制或资金提供方面发挥重要作用。在一些州,如马里兰州、佛罗里达州和佐治亚州,州层面的综合管理绿道计划为州政府积极参与改善绿色基础设施提供了范式。又如加州州立机构负责州立公园设施开发、保护重要的自然和文化区域、完善公园自然或文化遗产的完整性等。通过鱼类和野生动物部(The Department of Fish & Wildlife)、水资源部(Department of Water Resources)、州土地委员会(The State Lands Commission)以及州立大学等机构实现对 10 个州保留地、森林地区、鱼类和野生动物资源及公共土地的管理。过去 150 年间,加州已通过联邦基金、州债券法案、财政预算支出、慈善捐赠、创意地产企业、地方特殊税费等方式投资公园建设,在全州已建成 14 000 个公园和开放空间。2000 年以来,总投资超过 40 亿美元,相当于每居民约 100 美元。

在区域尺度上,美国区域层面政府几乎不直接负责开放空间规划和实施。区域机构一般仅负责保护较大的景观及生物栖息地,在区域公园和大型开放空间提供登山和露营等活动及设施等。波特兰和明尼阿波利斯—圣保罗是个例外。区域委员会(Regional Councils of Government,COGS)以咨询的性质参与密尔沃基、芝加哥、克利夫兰和丹佛的绿色网络的制定和实施(Erickson,2006)。

在大多数情况下,地方政府在开放空间系统的规划和实施方面是最有影响力的层面。地方机构,例如市、县、特别区及休闲娱乐区等相关机构,提供贴近家庭的活动和娱乐设施,如运动场和社区中心等。

在加拿大,各级政府也会参与到开放空间的规划建设管理中。与美国相比,加拿大联邦政府干预较少,更多依赖于具有管辖权的地方、区域和省的政府部门。相对于美国各州,加拿大各省对所辖市政府享有相当大的控制权,但基本不对大都市层面开放空间的问题进行干预。安大略省是一个例外,安大略省提供了对多伦多周边地区的橡树岭碛堤和尼亚加拉悬崖(The Oak Ridges Moraine and Niagara Escarpment)的保护;阿尔伯塔省为城市河流廊道提供特殊资金也是一个特例。在区域层面,尽管存在一定差异,但区域层面机构会通过不同的方式参与到开放空间系统的供给和实施中来,但很少有广泛的执行权利和实施力度。大温哥华地区的权利介于美国两种模式之间,它比美国的区域委员会有更多的权力和责任,但略逊于波特兰选举的区域政府。

同美国相似,加拿大地方政府及其相关部门对相关资源的合理使用尤为重要。鉴于休闲娱乐对地方居民的重要性,截至 1985 年,安大略省大多数地方政府都设有公园与游憩部(Park and Recreation Department),负责提供游憩设施、服务与活动等。根据加拿大绿色空间调查报告显示,除了个别城市,如多伦多或维多利亚,公园与游憩方面的支出占各个城市总财政支出的比例均在5%以上,多数城市超过10%;一般人均都超过50加元,超过半数以上的城市在100加元以上(图8-1和图8-2)。24个加拿大最大城市的绿色空间占城市总财政支出的10.8%(Choumert et al.,2008)。

地方政府部门可以采取多种其他方式(如专用税收或募集彩票等)进行资金筹措。例如,1883年美国明尼阿波利斯(Minneapolis)公园游憩管理处得到了城市房地产税收中的专用拨款,用于公园的规划、土地获取及建设维护等。1967年玻尔市划拨出部分销售税用于公园绿地等的建设(任晋锋,2003)。又如1975年,为了募集用于公园与开放空间建设基金,安大略省文化与游憩部通过下属的安省彩票公司(Ontario Lottery Corporation)发行彩票筹措资金,成立WINTARIO彩票计划或首都资助计划(WINTARIO Lottery Program or WINTARIO Capital Grant Program),用于公园与开放空间的获取、建造与维护,以及购置新的游乐设备等。由于该计划没有考虑社区需求与长远发展趋势,文化与游憩部将其更名为WINTARIO规划资助计划(WINTARIO Planning Grant Program),主要用于资助地方政府制定文化与游憩总体规划(Wilkinson,1984)。该计划为5 000人以上的城市提供制定公园与游憩规划所需的40%的资金,为5 000人以下的城市提供75%的资金。但到目前为止,这些计划都已经终止,虽然地方政府还会从健康社区基金(the healthy communities fund)获得部分资助,但多数城市需要自筹资金用于制定公园与游憩规划(Gebhardt,2010)。二战后,美国政府也不再用财政拨款新建绿地,而是采用其他调控手段,如将其他用地改为游憩用地或鼓励土地私有者提供公共空间等做法(任晋锋,2003)。

作为开放空间的重要组成部分,国家公园一般采用两种融资模式,即收费主导型和财政主导型。在一些欠发达国家或旅游收入能力较强的国家公园,政府拨款比例较小。在一些发达国家或对于免费、公益性国家公园,其保护、建设、管理和运行费用主要来自政府拨款(一般占国家公园运行管理费用的65%~80%),使用者付费作为必要的补充(张金泉,2006)。

其他国家城市政府开放空间支出也相当可观。澳大利亚新南威尔士,地方当局在游憩和休闲方面的总支出一直在增加,从2004~2005年度的4.182亿美元增加到2008~2009年度的5.772亿美元,人均花费也相应地从61美元增至83美元(New South Wales Government,2010)。在法国,作为城市开

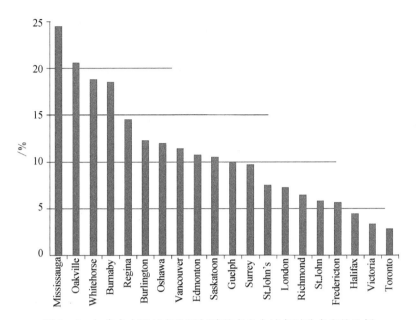

图 8-1　加拿大主要城市公园与游憩支出占城市财政支出的比例

资料来源：Green Space Canada Survey

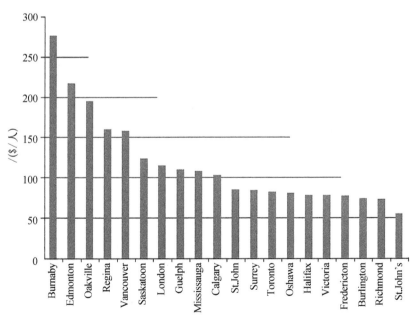

图 8-2　加拿大主要城市人均公园与游憩支出

资料来源：Green Space Canada Survey

放空间重要组成部分的城市绿色空间支出占法国城市总财政支出的
4%～5%。其中绿色空间成本包括投资支出(土地、设备等)和维护支出(人员、
清扫、杀虫、维护设备、小型设备、工作服、家具和技术材料等)。例如,法国
Angers 城市人口 15 万人,雇佣 197 个雇员为 603.55 hm² 的绿色空间服务。
2005 年,该城市支出 546 万欧元作为人员支出,108 万欧元作为维护支出,271
万欧元作为投资支出。

8.2　公私合作模式

为加强公共服务水平,促进社会资本进入城市公共服务体系,政府与私人
业主形成公私合作的协作关系。在这种模式中,公共部门拥有公园的所有权,
通过与私人部门合作进行开放空间的开发建造。政府可以将公共开放空间的
开发建设和管理权外包,由私人企业负责运营,也可以通过容积率奖励等政策
由企业单独进行开发;建成后的开放空间在公共部门管理下。公私合作模式
是基于互惠互利的原则,为实现各自目标而形成的双赢的合作关系,可以实现
资源优势互补,风险与责任共同承担(杨新海等,2015)。

在北美,城市开发公司(Urban Development Corporation, UDC)和商业改良区
(Business Improvement District, BID)是公私合作的主要表现形式。UDC通过政府
与市场建立联系,面向市场进行投融资,完成大型的城市公共服务或公共基础
设施的开发建设,相当于我国的城投公司;BID是 20 世纪 60 年代后期在加拿
大出现的公私合作机构,是由私人企业和业主组成的联盟,在获得政府授权
后,行使一定的公共职能,以促进公共服务尤其是小尺度公共服务和设施的改
善。BID在传入美国后得到很大发展,许多城市业主愿意支付更多的房地产
税来支持商业改良区,用于发展步行商业街、维护新建公共开放空间等,从而
使城区商业可与郊区购物中心竞争,如丹佛十六大街购物中心的 BID 等(任晋
锋,2003)。仅纽约市目前就有 55 个 BID,其中就包括时代广场(Times
Square)和布莱恩花园(Bryant Park)等成功的案例。例如,始建于 1871 年的
布莱恩花园,其改建成本达1 769 万美元,其中 2/3 来自政府,1/3 来自 BID。
建成后政府逐渐减少资助,由 BID 全权负责植被、道路、公共设施的保养维护,
环境卫生的改善,安全措施的供给等(王腾飞,2013)。

加拿大安大略省汉密尔顿市(City of Hamilton)景观建筑署制定的《公园

与开放空间开发指南》(Park and Open Space Development Guide，2015)中提出两种公园与开放空间设计与开发的公私合作模式：第一种模式是针对城市更新的公私分工合作模式。开发商完成第一阶段的开发，以满足最低建设要求，如对公园或开放空间进行绿化及按照标准在公共绿地和私人土地边界设立围栏等；城市政府在此基础上增加游憩设施，如儿童游乐场、多功能球场、运动场、户外家具、植被等。第二种模式是针对全新建设或新开发区的资金合作模式。开发商代表城市政府全权负责新的公园与开放空间的设计与建设，为了让开发商提供城市公园或开放空间，政府与开发商签订公园用地开发联营协议或开放空间开发联营协议，并给予开发商一定的补偿。两种方式的选择赋予开发商较大的灵活性，开发商可以选择适合其目标或开发项目的合作模式。

8.3　公众模式

作为一种新兴的供给模式，在以非营利性机构充当供给主体的模式里，投资和管理方是不以盈利为目的的机构，包括土地信托、社区组织、基金组织、用户协会等。如土地信托或社区组织通常拥有公共可达的保护区及邻里公园，并与公共机构联合提供相关活动及服务等；基金组织及商业部门会提供一定的资金；志愿者通过多种方式支持公园建设及活动。非营利机构以提高公众利益为宗旨，又能够采取类似于企业的运行方式，实现效率优势，在一定程度上能够规避上述两种供给模式的缺陷。

在美国和加拿大，私人非营利组织、大学、私人顾问和商业部门都是重要的参与者。私人非营利组织通常作为"局外人"，可以提供难以从"内部"获得的具有创意的战略性的建议。非营利组织和基金会的合作有助于增强社区归属感，对环境保护及开放空间规划具有重要意义。在某些情况下，这些团体开始是政府部门，后期被私有化作为独立的非营利性组织而存在。例如，丹佛绿道基金会(Greenway Foundation)开始作为一个城市实体，后来被改造成一个私有非营利组织。非营利的合作伙伴有两种主要类型：自然资源倡导团体和土地购置组织。虽然这些团体数量激增，但由于在对稀缺资金方面存在一定的竞争关系，并不总是能很好地相互合作(Erickson，2006)。在美国，国家层面绿道征地组织是公共土地信托(Trust for Public

Land，TPL)、自然保护协会(The Nature Conservancy，TNC)以及保护基金会(The Conservation Fund，TCF)。规模较小的地方土地信托也有很大影响，由于它们能快速地与地方土地所有者进行谈判并很快达成土地交易，所以这些机构在实施阶段尤为重要。在加拿大，环境规划的非营利部门一般没有像在美国一样得到很好的发展，并且在区域问题上少有私营部门参与。但成立于 1992 年的泛加步道(Trans Canada Trail)作为非营利性组织接受来自社会各界的捐款，在加拿大全境的人行步道建设中起到重要的作用。除了非营利机构，学术界的参与也是非常重要的，如加拿大英属哥伦比亚大学景观建筑系的作用突出。

8.4　小结

国外学者在研究公共开放空间的供给模式时，在综合考虑了公共空间开发建设、维护管理的全过程后，总结了三种公共空间的供给模式：以政府部门为主导，由公园管理部门等相关部门负责管理的公共部门模式(public approach)；以市场为主导，由公共部门拥有对公园等的所有权，由私人部门协同管理的公私合作模式(public/private covertures)；以非营利组织等来发展公园和开放空间的公众模式(civic model)。

公共部门模式已经并且仍然会是城市开放空间开发与运营的主要途径，尤其对于大规模的开放空间来说更是如此。公私合作模式公众模式对于中小型公园与开放空间的开发或复兴具有较好的效果。在实践中，多种模式往往同时存在。

第 **9** 章

开放空间规划方法

从不同的角度,学者对开放空间规划方法进行了不同的分类。在《开放空间规划模式：途径与方法综述》(Open Space Planning Models：A Review of Approaches and Methods)一文中,Maruani(2007)将开放空间规划方法分为需求与供给两大类。需求方法重在满足人的需要,主要涉及目标人群的数量、人口属性、价值观和喜好、居住分布和密度。供给方法目的是保护高品质的自然和景观价值,依赖于现有的自然环境的视觉、生态和空间属性。需求和供给方法之间的差异体现了开放的空间游憩功能和自然保护功能以及相关规划原则之间的差异。从供给与需求的视角出发,Maruani 等对开放空间规划方法的九大模型进行了综述,并对其价值和局限性进行了深入分析,这九种模型包括：机会主义模型(opportunistic model)、空间标准—定量模型(space standards-a quantitative model)、公园系统模型(park system model)、田园城市—综合规划模型(garden city-a comprehensive planning model)、形态相关模型(shape-related models)、风景相关模型(landscape-related models)、生态决定论(ecological determinism)、景观保护(protected landscape)及生物圈保护(biosphere reserves)。章旭健(2016)将开放空间规划布局方法分为单体营造法、系统层次法、可达性导向法、形态相关法和生态环境导向法五种类型。

本书从城市开放空间规划系统性与规划目标出发,将城市开放空间规划方法归类为两个层次六种模式。开放空间规划经历了从单体公园建设向开放空间系统发展的历程,因此从系统性而言,包括三种模式：① 单体营造模式。在开放空间规划发展阶段初期的早期公园建设阶段、公园运动及社区公园阶段,开放空间规划注重单个公园的形态、景观或功能设计。作为开放空间规划初期的方法,单体营造法未从城市整体角度系统对开放空间进行总体规划设计。② 空间标准模式。随着开放空间规划占据主导地位,空间标准成为包括开放空间在内的几乎所有公共服务设施配置最为普遍采纳的规划方法。该模式考虑开放空间与使用人口之间的关系,通过定量的方法对开放空间规划进行规定。③ 系统规划模式。随着人们对相互联系的开放空间重要性的认识,公园系统模式等逐渐盛行。而诸多学者提出的包含"绿带"、"绿心"、"绿指"和"绿廊"等概念的形态相关模式主要目的之一是通过开放空间系统性联系进而达到控制城市蔓延等目的,因此可以将其纳入系统规划模式的范畴。

从功能性目的性而言,开放空间主要包括休闲娱乐以及自然资源保护两大功能,可以归纳为三种模式:① 可达性导向模式。为了满足居民休闲娱乐功能,保证开放空间布局均衡与均等可达目标而采用的规划方法。② 公平性导向模式。为了满足不同类型人群对开放空间可获性的公平性目标而采用的规划方法。③ 生态环境导向模式。是为确保高质量景观留存、重视潜在生态环境效能而采用的规划方法,包括 Maruani 所述的风景相关模型、生态决定论、景观保护及生物圈保护等模型。出于休闲娱乐目的的开放空间规划多采用可达性导向模式与公平性导向模式,出于自然资源保护目的的开放空间规划多采用生态环境导向模式。

有些开放空间规划模式涉及多种具体技术手段与方法。由于本研究主要针对以游憩为主的开放空间规划,因此,本章将对其中可达性导向模式与公平性导向模式的具体测度方法进行较为详细的阐释。

9.1　可达性导向模式测度方法

可达性可以理解为使用者前往开放空间过程中克服空间阻隔的难易程度。诸多因素会影响特定区域开放空间可达性,这些因素包括但并不局限于开放空间的可获性(即开放空间供给)、生活在这一区域附近的人口数量(即需求)、需求和供给之间的地理障碍、人们对开放空间益处的认识、人们的生活方式等。在影响开放空间可达性的各种因素中,开放空间的可获性和居民需求,以及空间障碍是其中的关键因素。因此,可达性主要与三个要素有关:① 交通成本,一般以两地间的交通成本包括时间或距离作为计算依据;② 目标设施,指提供某种可达性服务的能力;③ 人口需求,指对某种可达性服务的需要量。

距离是可达性测度的重要元素,三种典型的距离作为可达性的测度:① 欧几里得距离,即直线距离;② 曼哈顿距离,即沿直角三角形两个直角边的距离;③ 网络距离,即从出发地到目的地之间最短的街道网络联系。前两者可以比较容易地在 GIS 中计算得到,后者更为精确但需要包括道路网等在内的地理数据的支持(Rosa,2014)。一般直线距离比网络距离短,网络距离比直线距离更加精确,但在道路网密度很高的城市地区,两者存在高度相关性(Zhang et al.,2011)。

国外可达性的研究起于 20 世纪 50 年代末期。可达性理论和实践应用研究过程中出现了多种分析方法,不同方法侧重点不同,产生的结果也不尽相同。最早是通过问卷调查的形式,研究受访者对可达性的需求,之后大多数研究引入空间分析与数理分析手段。由于经常存在数据的可获性及软件分析与特定研究目标之间的权衡,对公园或开放空间可达性的评价方法有所不同(Rosa,2014)。Church 等(2003)总结了可达性测度的 7 种方法。基于研究分析需要,可达性的测度可分别以使用者或设施地块为研究对象,分析人口地块的需求力或目标设施地块的吸引力。如果研究目的是理解开放空间或绿色空间的供给或地理分布,就用距离使用者(如人口普查地块)一定范围内开放空间数量或面积进行测度;如果目标是理解开放空间或绿色空间的潜在需求,就用目标设施地块的可达性,即距离开放空间一定范围内的人口数量等进行测度(Rosa,2014);如果目标是考虑设施服务半径和对居民的吸引潜力,则运用基于供给与需求的可达性测度方法。开放空间可达性的测度可以分别概括为容量法、覆盖法和服务可达性三种方法。

9.1.1　容量法

容量法(the container approach)指一定距离(时间等)范围内,某种设施或活动的数量,最初是用来确定某种设施(如公园)是否位于某些地理单元(如人口普查地块或街区)内。一般而言,容量法计算以使用者为原点一定距离或时间范围内服务数量的指标或测度,可以用该范围内开放空间的数量、总面积、人均公园面积等测度。指标越高,可达性越好。

对于居住在位置 i 的居民,使用 l 出行方式,活动 k 的可达性可以表述为(Church et al.,2003)

$$A_{ikl} = \sum_{j \in M_{ikl}} O_{jk}$$

式中,A_{ikl} 是居民 i 或区域 i,在 l 这种出行方式下,活动 k 的可达性;O_{jk} 是在位置 j 活动 k 的数量;M_{ikl} 是被考虑可达的活动位置的集合,满足 $d_{ijl} < s_{kl}$ 条件,其中 d_{ijl} 是 i 与 j 之间使用 l 这种出行方式的距离或时间,s_{kl} 是某种活动被认为可达的最大距离或时间。

容量法是基于简单的使用者和设施之间的距离关系,容易计算,不需要进一步分析或数据收集;便于横向和纵向比较,结果便于解释。但容量法也存在一定的局限性,如① 行政管理边界或区域面积的划分对可达性结果的影响较大,如果两个区域的面积相差较大,则面积大的区域包含更多服务设施的可能性也较高;② 假定区域内所有居民均等地享受特定设施和服务,忽视使用特定设施人口的空间分布;③ 该方法假定服务或设施仅为区域内居民服务,忽视了为其他区域或区域外人口服务的可能性;④ 忽视了人口与服务之间的相对距离,未考虑设施的空间分布和进入过程中的障碍,如位于区域边缘但远离居民的公园,其统计指标较高,但可达性较差。尽管有这些缺点,但由于容量法简单和易于实施,在邻里规模的环境正义和社会公平分析中仍广泛使用(Wang et al.,2015)。

9.1.2 覆盖法

覆盖模型(coverage models)是基于对一定设施服务范围内使用者数量的评价,即覆盖距离服务或设施供给点一定距离范围内被覆盖的人口数量等(Wang et al.,2015)。测量克服开放空间和使用者空间分离的出行成本,该方法假定居民总是用最小的成本使用距离最近的公园。以空间邻近逻辑为基础,距离衰减规律导致需求的空间差异性,并假设物理距离对所有使用者具有相同意义。基于不同参数,这里对以下方法作简单的介绍,包括简单缓冲距离法(buffer distance)、成本加权距离法(cost-weight distance)、道路网络分析法(network analyst)等。

(1)简单缓冲距离法

简单缓冲距离法以城市开放空间为中心,以最大服务距离为半径建立缓冲区,认为缓冲区内居民可轻松到达开放空间,而缓冲区外则不能享受开放空间提供的服务,以此确定城市开放空间的服务区域。其综合了开放空间服务半径和空间位置,服务半径的选取可以按照国家或地区制定的不同等级开放空间的服务半径指标,或根据居民实际出行能力确定出行方式与出行距离。

简单缓冲距离法存在一定局限性,如考虑参数过于简单,以直线衡量服务半径;忽略自然和人为景观障碍,从而夸大服务范围,高估可达性;只能区分开放空间的服务和非服务区,不能反映出可达区域内部出行的差异;居民并不总是去最近的开放空间,而是受开放空间其他更多因素的影响(Dai, 2011)。但由于简单缓冲距离法数据获取方便、计算方法简单、易于掌握和操作,成为开放空间可达性评价过程中广泛使用的方法之一。

（2）成本加权距离法

成本加权距离法在简单缓冲距离法的基础上考虑了居民前往城市开放空间过程的累计阻力,如费用、道路拥挤程度、距离、时间等,可达性随着出行成本的增加而降低。成本加权距离法需实地调研获取基础资料,利用空间分析软件对各项成本加权分析。目前普遍使用栅格化方法,即将研究区域栅格化,并基于阻力评价参数赋予每个栅格一定的成本数值。在具体应用中,先以城市开放空间为源,具体使用"Cost Weighted"工具,用最短路径搜索居民前往开放空间的实际路线,获得每一单元至距离最近、成本最低源的最少累加成本,计算居民到达开放空间的空间阻力值,最后将阻力值转化为时间成本进行分级量化,实现对城市开放空间可达性的评定。成本加权距离法实施简单,容易理解。但是该方法没有距离衰减系数,不能识别阻力的方向性,且对分类景观赋以相对阻力值难以准确反映实际情况。

（3）道路网络分析法

道路网络分析法按照某种交通方式,如步行、自行车、公交车或自驾车,以道路网络为基础,计算城市开放空间在某一阻力值下的服务覆盖范围。分析步骤如下：① 建立阻力模型,通过问卷等实地调研方法总结出居民出行的主要阻力因素,把阻力因素结合到道路网络上,取样代表不同类型阻力因素组合的路段;② 通过实地调查或观测得到在取样路段普遍使用的某种交通方式（步行、自行车、公交或私家车）的平均速度;③ 用公式计算出各路段的阻力值：$K_n = V_n P V_0$,其中 K_n 为第 n 路段的阻力值,V_n 为在该路段使用某种交通方式行进的平均速度,V_0 为最低阻力下的某种交通方式的标准速度。

该方法考虑了进入开放空间的实际方式,克服了直线距离不能识别可达过程中的障碍,以及成本加权距离法所产生的阻力衡量误差。但现有的方法未涉及开放空间吸引力差异对可达性的影响,且需依赖于完备的道路网络数据,需要大量的调研数据,这些数据可获得性较差,目前这种方法较适用于小尺度地区,但随着技术的发展,在未来开放空间可达性研究中将起到重要的作用。

9.1.3 服务可达性

服务可达性（service accessibility）是基于供给与需求的可达性测度方法,主要有引力模型/空间相互作用模型（gravity model/the spatial interaction modeling approach)、人口加权距离法（the population-weighted distance, PWD)及两步移动搜寻法（2 - step floating catchment area)等。

（1）引力模型法/空间相互作用模型

引力模型（gravity-based models)法源自万有引力定律。Hansen(1959)第一个提出基于引力模型的方法对特定活动或服务的可达性进行测量。该方法将开放空间与人口区域之间的距离作为出行阻力，将可达性理解为服务能力和居民需求之间的相互作用。另外一种测度地理可达性的方法是空间相互作用模型（spatial interaction modeling approach)，该方法是引力模型（gravity-based models)的扩展模型，两种表述通常是可以互换的。

城市开放空间对居民的服务潜力随居民到达开放空间阻力值的增加而减小，随着城市开放空间服务能力的增加而增加。在开放空间可达性背景下，居住区域 i 与开放空间 j 的空间相互作用（the spatial interaction）A_{ij} 可以定义为（Zhang et al. , 2011）

$$A_{ij} = \frac{S_j^\alpha}{d_{ij}^\beta}$$

式中，A_{ij} 居住区域 i 与开放空间 j 的潜在的空间可达性（the potential spatial accessibility）；S_j 是开放空间 j 的服务能力，常用开放空间面积（Size)表示；d_{ij} 是居住区域 i 与开放空间 j 的空间阻力，通常用距离或时间表示；α 与 β 是与开放空间大小及距离相关的参数；α 为表征开放空间大小的参数，β 为引力衰减系数，约束可达性随开放空间阻力增加而衰减的程度。

对于居住区域 i 的可达性总和 A_i 可以定义为所有开放空间相互作用值 A_{ij} 的总和：

$$A_i = \sum_j \frac{S_j^\alpha}{d_{ij}^\beta}$$

式中，A_i 为居住区域 i 到其周边所有开放空间潜在的可达性的总和。

因此，距离开放空间近的社区具有更高的可达性，面积大的开放空间会吸引更多的居民。

空间相互作用模型中距离衰减系数（distance decay or friction parameter，β)的选择对可达性计算结果具有重要影响，但在应用中选择何种函数来评价城市开放空间可达性并无严格的标准。理论上，该值受地理环境、人类活动、目的地特性等的影响。距离衰减系数越大,人类活动对距离越敏感;不同类型的活动或服务的距离衰减系数存在一定的差异,如公共开放空间使用的距离衰减系数估计为 1.91,运动休闲中心 1.16,高尔夫球场 1.06 等。实证研究是选取距离衰减系数的最好方式,但是数据和信息的获取往往比较困难。实际研究中往往根据经验或其他人的研究,主观采用某个数值。Biles-Corti 和 Donovan 运用社会生态项目,根据西澳大利亚(Western Australia)珀斯大都市区(Metropolitan Perth)搜集的数据,对 9 种类型活动的距离衰减系数进行了分析。研究指出,相比会员制或收费设施而言,公共可达的设施或服务通常有较大的距离衰减系数;公共开放空间,如公园,距离衰减系数估计为 1.91,这个数值视域通常使用的 2.0 较为接近。在美国,目前并没有针对距离衰减系数的实证研究。在我国,使用的参数 β 仍基于理论,多采用 1。对于开放空间大小的参数 α 的选取,目前的研究多基于澳大利亚的研究,采用 0.85 的数值(Zhang et al.,2011)。

除了将开放空间吸引力(如大小)及开放空间与居住区域之间的距离引入空间相互作用模型,还有研究将开放空间质量或吸引力引入可达性测度:

$$\sum_{j} \frac{\text{att}_j^{\lambda} S_j^{\alpha}}{d_{ij}^{\beta}}$$

式中,att_j^{λ} 是开放空间 j 的吸引力;λ 是影响参数。

因此,空间相互作用模型可以灵活地整合其他可能影响公园或开放空间可达性的特性,如开放空间的安全性、质量和设施等。

引力模型在估计居民出行倾向时考虑了开放空间吸引力和摩擦阻力(距离)之间的相互作用,较好地反映了开放空间吸引力对可达性的影响,以及城市开放空间与居民相互作用的距离衰减现象,克服了传统方法中居民一定会选择距离最近的开放空间假设的局限性(Wang et al.,2015)。然而该方法所得出的引力值仅表示研究区内部开放空间服务的差异,不能用于区域间比较,且引力值的分级并无统一标准,因此增加了对可达性结果的解释和理解难度。

(2)人口加权距离法

由 Zhang 等(2011)提出的人口加权距离法与 Lee 等(2013)提出的空间差异可达性(accessibility in the context of spatial disparity,ASD)是最近提出的评价公园或开放空间可达性较优的两种方法。这两种方法都是基于引力空间相互作用,认为规模大具有吸引力的公园或开放空间能吸引更多的人口。人口加权距离法首先对距离进行人口和概率的权重,得出人口(Pop_i)对最近的公园或开放空间基于人口权重的距离 D_i

$$D_i = \sum_{j=1 \sim n} (\text{Pop}_i \times P_{ij} \times d_{ij}) / \text{Pop}_i$$

式中,n 为人口区域 i 居民最可能访问的公园或开放空间数量;D_i 是从人口区域 i 到最近的公园或开放空间的人口加权距离;Pop_i 是人口区域 i 的总人口数。

运用 PWD 法,对全美 50 个州及华盛顿特区公园可达性进行分析的结果表明,全美居民平均步行 6.7 mi 到达地方的邻里公园。各州的数据相差较大,如华盛顿特区和康涅狄格州地方邻里公园可达性最高,居民只需分别步行 0.6 mi 和 1.8 mi 就可到达。

(3) 两步移动搜寻法

两步移动搜寻法综合考虑了城市开放空间与服务人口的供需关系,将居民分布情况作为城市开放空间可达性评价中的重要因素。该方法最初广泛地应用于卫生保健可达性的研究。传统的两步搜寻移动法(2SFCA)采用二分法的方式,将空间距离阈值内的开放空间都判定为可达,范围外的判定为不可达(Dai,2011)。

高斯两步移动搜寻法则对空间距离阈值内可达性作了进一步区分,引入了考虑空间摩擦的高斯方程 G,对多种设施和服务如开放空间潜在可达性进行定量分析。

第一步:对每一块开放空间 j,以空间距离阈值 d_0 形成空间作用域(catchment);利用高斯方程对位于空间作用域内的社区 k 的人口赋以权重,并对赋予权重后的人口进行加和,得到开放空间 j 潜在使用者数量;开放空间规模与潜在使用者数量的比值为供需比率 R_j 为

$$R_j = \frac{S_j}{\sum_{k \in \{d_{kj} \leqslant d_0\}} G(d_{kj}, d_0) P_k} \tag{9-1}$$

式中,P_k 为开放空间 j 的空间作用域内($d_{kj} \leqslant d_0$)社区 k 的人口数量;d_{kj} 是社区 k 中心到开放空间 j 中心的空间距离;S_j 为以绿地面积表示的开放空间 j 的容纳能力;$G(d_{kj}, d_0)$ 为考虑空间摩擦的高斯方程,计算方法如下:

$$G(d_{kj}, d_0) = \begin{cases} \dfrac{e^{-(\frac{1}{2}) \times (\frac{d_{kj}}{d_0})^2}}{1 - e^{-(\frac{1}{2})}}, & \text{if } d_{kj} \leqslant d_0 \\ 0, & \text{if } d_{kj} > d_0 \end{cases} \qquad (9-2)$$

第二步：对每一社区 i，设定空间距离阈值 d_0，形成另一个空间作用域，利用高斯方程对位于空间作用域内的每块绿地 l 的供给比率 (R_i) 赋以权重，并对加权后的供给比率 (R_i) 进行加和，得到每个社区开放空间可达性 A_i。A_i 可以理解为在某一研究范围内开放空间的人均占有量 $(\text{m}^2/\text{人})$。

$$A_i = \sum_{l \in \{d_{il} \leqslant d_0\}} G(d_{il}, d_0) R_l \qquad (9-3)$$

式中，R_i 表示社区 i 的空间作用域内 $(d_{il} \leqslant d_0)$ 开放空间 l 的供给比率。

9.1.4　其他方法

除此之外还有诸多开放空间可达性测度方法，如 VFCA（the variable-width floating catchment area method）用来测度城市公园或开放空间的可达性。又如容量法有诸多其他替代方法，被称为覆盖模型（coverage models）（Talen，2003），包括核密度估计法（kernel density estimation）及网络限制服务区法（network constrained service area methods）等。核密度估计法是一种改进的容量法，测量从开放空间所在位置到门槛距离边界，可达性是如何从峰值逐渐下降为零的（Zhang et al.，2011）。

9.2　公平性导向模式测度方法

开放空间的公平性对不同社会经济或人群开放空间的差异性进行了测度。可达性是评价开放空间公平性的重要工具之一。传统的可达性研究从纯粹地理的视角出发，基于选址理论，目的是最大化网络分布效率，最小化系统成本。这种基于效率的分析并没有考虑分布的结果或受益的人群（Nicholls，2001）。新技术手段和方法的出现使可达性可以用于描述开放空间分布的地理差异，反映不同区域的群体对特定社会服务的接近度是否公平等。以下将着重对开放空间公平性的测度方法进行论述，涉及与空间无关的公平性的总体评价及与空间格局相关的公平性评价两个方面。

9.2.1 非空间总体评价

(1) 份额指数

份额指数(share index)用来检验不同类型社会人群享有开放空间资源(如服务面积)水平是否达到或超过全体居民平均水平的一种方法(唐子来等,2016)。首先测算不同类型人群尤其是社会弱势群体,如老龄群体或低收入群体等,享有开放空间资源占所有开放空间资源总量的比例。

$$R = \sum_{j=1}^{n} P_j \times X_j \times 100\%$$

式中,j 是研究范围内居住区域单元数量;P_j 是 j 居住区域空间单元内特定类型人群占所有人口的比例;X_j 是 j 空间单元内开放空间资源占研究范围内所有开放空间资源总量的比例。

基于特定类型人群享有开放空间资源比例及占所有人口比例,计算其享有开放空间资源的份额指数。

$$F = R/P$$

式中,R 是特定人群享有开放空间资源比例;P 是特定人群占所有人口比例。

份额指数 F 值大于 1,表明特定类型人群享有开放空间资源份额高于研究范围的社会平均份额;份额指数 F 值小于 1,表明特定类型人群享有开放空间资源份额低于社会平均份额。该方法能够支持同一区域的纵向比较即历时性比较,也可以支持不同区域的横向比较即共时性比较。

(2) 基尼系数和洛伦兹曲线

基尼系数(Gini Coefficient)是根据洛伦茨曲线提出的判断收入分配公平程度的重要指标,其经济含义指在全部居民收入中,用于进行不平均分配的那部分收入所占的比例。基尼系数是 0~1 的比例数值。1 表示收入分配绝对不平均,0 表示收入分配绝对平均,没有任何差异。基尼系数越小收入分配越平均,基尼系数越大收入分配越不平均。国际上通常把 0.4 作为贫富差距警戒线。

国内外学者将基尼系数和洛伦兹曲线的分析方法应用到城市公共设施分布公平绩效评价。例如,Delbosc 等(2011)采用了基尼系数和洛伦兹曲线的方法对澳大利亚墨尔本市公共交通服务水平的社会公正绩效进行了评价。唐子来和顾姝(2015)应用了基尼系数和洛伦兹曲线对于上海市中心城区公共绿地分布的社会公平绩效进行了总体评价,其基尼系数的计算公式为

$$G = 1 - \sum_{k=1}^{n} (P_k - P_{k-1})(R_k + R_{k-1})$$

式中,P_k 为居住人口变量的累计比例,$P_0 = 0$,$P_n = 1$;R_k 为绿地或开放空间有效服务面积的累计比例,$R_0 = 0$,$R_n = 1$。

　　基尼系数在 0~1,其值越小,表明公共绿地资源或开放空间在全体人口中的空间分配越公平。在此基础上,按照洛伦兹曲线的计算方法,将开放空间或公共绿地资源比例与常住人口比例进行累加,绘制开放空间或绿地在常住人口中分配的洛伦兹曲线图。公共绿地或开放空间与收入分配的基尼系数不具有可比性,因此,并不能按照收入分配的基尼系数标准对开放空间分配的公平性进行简单评判。但开放空间基尼系数为同一城市的历时性比较或不同城市的共时性比较提供了基础。另外,基尼系数和洛伦兹曲线可以初步表达开放空间分布的社会公平,但并不能反映其空间分布状况。

　　(3)双变量相关分析

　　相关分析是研究现象之间是否存在某种依存关系,并对具体有依存关系的现象探讨其相关方向及相关程度,是研究随机变量之间的相关关系的一种统计方法。国内外学者将相关分析应用到城市公共设施公平性评价中。在开放空间公平性评价中,双变量相关分析可以用来定量表征两组不同变量之间的相关关系,如可达性与需求指数之间的相关性,进而说明城市开放空间的公平性;或通过对不同类型人群的特性与开放空间可达性进行双变量相关分析,判断两者之间是否存在显著的相关关系,从而判定特定类型的人群是否与开放空间可达性的高低有相关关系。例如,Dai(2011)的研究表明,黑人、单亲妈妈家庭、穷人及没有车的家庭等与较低的绿色空间可达性高度相关,进而判断出绿色空间的可达性存在较大的社会经济差异。

　　(4)曼-惠特尼 U 检验

　　曼-惠特尼 U 检验(Mann-Whitney U test)是另一种公平性的测度方法,是由 H. B. Mann 和 D. R. Whitney 于 1947 年提出的,目的是检验两个总体的均值是否有显著差别。在开放空间公平性检验中,首先,一般将居住地块分为

两种类型：位于开放空间服务范围内和位于开放空间服务范围以外。其次，选取表征居住地块不同特征的诸多变量，如人口密度、特定种族或民族人口百分比、青少年人口比例、老年人口比例、住房均价、收入等多项指标。最后，运用曼-惠特尼 U 检验比较服务覆盖范围内外的指标的差异，从而达到判定开放空间社会经济差异的目的（Nicholls，2001）。

（5）公平性指数

上述四种方法多用来评价单一设施或服务的公平性。在评价多种设施或服务公平性，或多种类型开放空间公平性时，可采用公平性指数的评价方法。

首先，某种设施在某一空间单元的空间公平性指数（Integrated Equity Indices，IEI）表示为（Tsou et al.，2005）

$$E_{ij(k)} = P_k \times W_{j(k)} \times S_{ij}^{-\alpha}$$

式中，$E_{ij(k)}$ 是设施 $j(k)$ 在空间单元 i 的空间公平性；P_k 是居民对第 k 类设施的偏好；$W_{j(k)}$ 是第 j 个 k 类设施的服务范围占所有该类设施可以服务的范围的比例，服务范围按照不同等级设施的服务半径计算面积；S_{ij} 表征空间分离（Spatial Separation），道路网络分析法被整合进 IEI 用来计算空间分离；α 是空间分离参数，表示资源分布的公平性，多在 $1 \sim 2$，2 是最为普遍的取值。

其次，空间单元 i 中所有不同类型设施的总体空间公平性 T_i 可以表示为

$$T_i = \sum_{k=1}^{K} \sum_{j(k)=1}^{J} E_{ij(k)}$$

汇总各个空间单元的公平性，得到所有空间单元所有设施的空间公平性指数 T 为

$$T = \sum_{i=1}^{I} T_i$$

最后，可以通过下面的公式得到空间公平性均值 $\bar{E}$ 为

$$\bar{E} = \frac{T}{I}$$

式中，I 是所有空间单元的数量。

公平性指数只解释了公平性程度，但没说明这些设施是否均等分，因此可采用其他空间公平性分析（Spatial Equity Analysis）的手段。另外，可以采用

3D‐GIS 与 IEI 结合绘制三维可视化的空间公平性图形。

9.2.2　空间格局评价

（1）区位熵

区位熵又称专门化率，是由哈盖特（Haggett）首先提出并将其运用于区位分析。区位熵反映某一产业部门的专业化程度及某一区域在更高层次区域的地位和作用，可以对开放空间资源分布和特定社会群体分布的空间格局的关系进行分析，各个空间单元的区位熵是该空间单元内特定社会群体享有的开放空间资源与整个研究范围内特定社会群体享有的开放空间资源的比值。

$$LQ_j = (T_j/P_j)/(T/P)$$

式中，LQ_j 为 j 空间单元的区位熵；T_j 为 j 空间单元中开放空间资源总量；P_j 为 j 空间单元中特定类型人口数量；T 为研究范围内开放空间资源总量；P 为研究范围内特定类型人口总量。

如果一个空间单元的区位熵大于 1，表明该空间单元内特定社会群体享有开放空间资源水平高于研究范围内特定社会群体享有开放空间资源水平；反之则低于研究范围内特定社会群体享有开放空间资源水平。

（2）多变量回归分析

在人口地块开放空间可达性已获取的基础上，采用多变量回归分析（multivariate regression analyses），对开放空间可达性及人口地块社会经济属性等进行多变量回归分析，一般有如下三个步骤。

1）主成分分析

由于人口地块具有多种社会经济属性，且有些属性高度相关，所以多采用主成分分析（principle component analysis，PCA）的方法将多个变量归纳为若干主要变量，再对人口地块进行分类。如果人口地块的属性单一且相关性不高，则不一定需要进行主成分分析。

2）空间自相关性指数

空间自相关是对某一地理变量空间分布中相邻位置间的相关性进行检验的一种统计方法。由于开放空间可达性可能存在空间自相关性（spatial autocorrelation），即开放空间可达分值在同一个分布区内的观测数据之间潜在的相互依赖性。在选择多元线性回归分析方法之前，需要运用 Moran I 指数、Geary C 指数、Getis、Join Count 等方法对空间自相关性进行检验。空间自相关也可以单独用来揭示区域化变量取值的空间分布特征,对空间公平性进行判定。

Moran I 是目前广泛使用的测度空间自相关性的方法(Tsou et al.,2005)。Moran I 指数值处于-1~1。通常在空间上接近的物体存在正的空间自相关性,当临近物体的特性相似时,Moran I 的值为正且显著,表明存在正的空间自相关性;值接近 1 时表明具有相似特征的属性聚集在一起(即高值与高值相邻,低值与低值相邻)。当 Moran I 为负且显著时,存在负的空间自相关,说明物体的空间相似度不高,相似的观测值趋于分散分布;值接近-1 时,表示具有相异特征的属性集聚在一起(即高值与低值相邻,或低值与高值相邻)。当物体特性与空间分布无关时,即观测值呈独立随机分布时,空间相关性为零,不存在空间相关性。

空间自相关分为全局/全域型自相关(global spatial autocorrelation)和局部/区域型自相关(local spatial autocorrelation)。全局指数可以体现空间是否出现了集聚或异常值,但并没有指出在哪里出现。在全局自相关的情况下进行局部自相关分析;局部 Moran I 可以体现哪里出现了异常值或者哪里出现了集聚。

空间自相关的 Moran I 统计可以表示为

$$I = \frac{n}{S_0} \frac{\sum_{i=1}^{n} \sum_{j=1}^{n} w_{i,j} z_i z_j}{\sum_{i=1}^{n} z_i^2}$$

$$S_0 = \sum_{i=1}^{n} \sum_{j=1}^{n} w_{i,j}$$

式中,z_i 是要素 i(这里的要素可以表示为公共服务设施空间分布的公平性指数等)的属性与其平均值的偏差($x_i - X$);$w_{i,j}$ 是要素 i 和 j 之间的空间权重;n 等于要素总数(或研究区域内空间单元总数);S_0 是所有空间权重的聚合。

3)多元线性回归

在不存在空间自相关性的情况下,采用普通最小二乘法(the ordinary least squares,OLS)回归模型对开放空间可达性与人口地块的社会经济指标进行回归分析。在存在空间自相关性的情况下,可能导致 OLS 模型不再适用,此时可以采用空间滞后模型(spatial lag model,SLM)等替代模型对可达性空间差异进行评价。

9.3 设施规划与空间选址

在开放空间规划实践过程中,在对现有开放空间可达性与公平性进行测度与评价的基础上,需要根据一定的标准来评估和选择要建城市开放空间的布局地点。同时,根据一定的标准对游憩设施的数量、规模等进行测度及进一步安排。这些都需要通过不同的技术手段与方法,对开放空间进行选址布局以及对游憩设施进行总体规划。游憩设施规划的具体方法包括服务水平法(level of service)、复合值法(composite-values methodology)等(方家等,2012)。城市开放空间选址的具体方法包括中值模型法(median Model)、替换插入算法(shift-insertion algorithm)、泰森多边形布局法(Thiessen polygons)及几何中心或断裂点定位法(breaking point positioning)等多种方法。本章主要针对开放空间规划模式的探讨,这里不对设施规划及具体的空间选址方法进行详细论述。

9.4 小结

本章从系统性与目的性两个层面探讨了开放空间规划的六种模式。系统性的规划方法与开放空间规划发展历程相关,反映了与开放空间规划不同发展阶段相联系的主要规划方法,包括单体营造模式、空间标准模式与系统规划模式。目的性的规划方法与开放空间规划目标与价值取向相关,反映了基于不同目标的开放空间规划方法,主要包括可达性导向模式、公平性导向模式及生态环境导向模式。

服务均衡覆盖与社会公平是作为休闲娱乐功能的城市开放空间规划的主要目标。本章对可达性与公平性导向模式的测度方法进行了具体的分析。在有利于充分发挥开放空间资源利用效率的基础上,做到均衡且公平公正的覆盖。可达性可以体现在居民与开放空间的距离时间上,还可以体现在居民所能获取的服务数量上。可达性测度经历了基于地和基于人的度量方法,从注重地域均等的容量法和覆盖法、注重空间公平的可达性评价,到均质人群可达性评价为主的服务可达性法几个不同阶段。

随着人们对人本主义和环境公平等的日渐重视,规划者从重视传统开放空间可达性向开放空间公平性转变。开放空间公平性可以是服务水平或不同类型人群享有的开放空间资源水平的公平性,也可以是不同类型人群开放空间可达性差异的公平性,还可能是开放空间覆盖范围内外的社会经济差异。本章所述只是开放空间公平性测度的众多方法中的一部分,且与空间格局相关或无关的公平性测度也不是绝对的。有些与空间格局无关的公平性测度虽然未表明公平性的空间分布,但可采用其他空间公平性分析辅助手段达到空间可视化的效果。

开放空间的可达性建立在不同类型社会群体具有相同的能力和需要的基础上,强调所有人平等地享有公共设施和服务水平。而从人本主义与社会正义理念出发的城市规划更关注社会弱势群体,提倡开放空间供给向社会弱势群体倾斜。因此,以上不同的方法在结果分析时,基于社会公平的理念,所有社会成员应平等的享有开放空间资源或开放空间可达性程度;基于社会正义理念,则社会弱势群体享有的开放空间资源或开放空间可达性程度等应当不低于社会平均水平。

第10章
我国城市开放空间现状及演变

作为城市空间重要组成部分的城市开放空间是体现城市功能的重要组成部分，是城市保存自然资源、延续历史文脉的有效手段，对满足居民休闲娱乐、运动交流等方面需求起到重要作用，是城市品质和居民福祉的重要体现。随着人们对公共健康与休闲生活方式的日渐关注，居民对开放空间的需求日益增长。

在满足总量及人均需求的基础上提升可达性与公平性是开放空间规划布局的重要课题之一，也是实现开放空间效益最大化的有效手段。我国众多城市新建、改建、扩建了大量的开放空间，但与快速城市化进程中人口激增速度相比，诸多城市可达范围内的人均开放空间面积非但没有相应的提高，反而有所降低，难以满足居民日益增长的需求。其次，开放空间的公平性反映了其为不同地域或人群提供服务的差异性。例如我国城市人均公园绿地面积不低，但多数公园位于城市边缘，传统指标测度并不能准确反映公园的空间位置，也没有考虑不同类型居民如何从中受益等问题；全市层面统计数据与城区尤其是主城区居民可达范围内公园绿地实际使用之间存在较大分歧。另外，随着全球经济的重构、人口多样性的增加以及住房体制的改革等，我国城市社区社会空间结构正经历着前所未有的重构与演变。随之而来的是基于收入、年龄、能力等社会经济特性的社区分异，及日益凸显的社区分异下开放空间分布的不公平性。开放空间涉及环境公平问题，开放空间分布的空间公平和社会公平是实现基本公共服务利用均等化的前提和物质基础。

近年来，我国规划学者和城市政府对以公园绿地等为主的开放空间规划建设日渐重视，但目前还多停留在定性描述或简单定量指标测度方面，对潜在可达性静态测度与公平公正性评价的深层次研究有待深入探讨，对城市化进程中可达性动态演变的研究几乎空白。因此，我国城市绿色空间规划是否满足居民可达性及公平性需求，是否存在一定的空间或社会经济差异，随着快速城市化和人口激增，其建设速度是否与人口增长速度相匹配，城市化进程是否同时伴随着以绿色空间可达性为度量的居民社会福祉的相应提高等问题仍未得到有效解答。

基于第五次和第六次人口普查数据，运用简单缓冲距离法和高斯两步移动搜寻法，本章分别对 2000 年及 2010 年杭州主城区街道层面绿色开放空间可达性进行评价，并对 10 年间可达性变化进行分析。在此基础上，通过双变量相关分析及线性回归模型,对绿色开放空间的社会经济差异进行判断。通过以上分析,旨在理解我国城市开放空间现状及演变,为开放空间规划理论探讨与规划体系建构提供现实基础。

10.1 研究范围

杭州市位于中国东南沿海,是浙江的省会和经济、政治、文化中心,国家历史文化名城和著名的风景旅游城市,也是长三角中心城市之一,中国快速城市化的缩影。根据杭州市统计局 2014 年统计年鉴,杭州市域面积为 16 596 km^2,2013年年末总人口 884.40 万人;辖 8 个市辖区,两个县三个县级市;市区面积 3 068 km^2,年末总人口 635.62 万人。2015 年富阳撤市建区(图 10-1)。

图 10-1 杭州市辖区

为了深入研究杭州绿色开放空间可达性及2000～2010 年可达性的变化,本书选取杭州主城区,包括上城区、下城区、西湖区、拱墅区及江干区西部(不含杭州经济技术开发区)所辖范围内 2010 年人口密度 1 000 人/km^2 以上的街道和镇作为研究对象。西湖街道位于西湖风景名胜区内,下辖 9 个行政村、2 个股份经济合作社、6 个社区。2002 年 9 月,西湖街道交由杭州市西湖风景名胜区管委会托管。西湖街道是杭州市较为特殊的街道,本书将该街道范围内对相邻区域可达性具有影响的绿色开放空间包括在内,但不对该街道本身进行可达性分析,避免了由于边界效应(edge effect)导致的沿研究范围边界可达性的偏差。因此,本书确定的研究范围包括主城区内 35 个街道和 6 个镇(表 10-1),总面积约 348.358 km²,2010 年城市常住人口 276.46 万人(图 10-2)。

表 10-1 研究区域街道一览表

杭州市 2010 年第六次 人口普查区域	街 道 名 称
上城区	湖滨街道、南星街道、清波街道、望江街道、小营街道、紫阳街道
下城区	朝晖街道、潮鸣街道、东新街道、石桥街道、天水街道、文晖街道、武林街道、长庆街道
拱墅区	半山镇、大关街道、拱宸桥街道、和睦街道、湖墅街道、康桥镇、米市巷街道、上塘街道、祥符街道、小河街道
江干区	采荷街道、丁桥镇、笕桥镇、闸弄口街道、凯旋街道、彭埠镇、四季青街道、九堡镇
西湖区	北山街道、翠苑街道、古荡街道、蒋村街道、灵隐街道、留下街道、文新街道、西溪街道、三墩镇

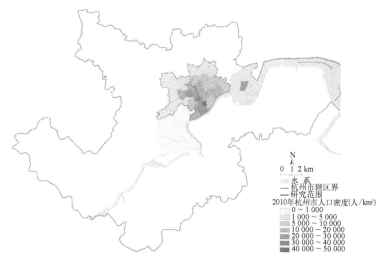

图 10-2 研究范围及 2010 年人口密度

由于 2000 年公园数据相对缺乏,本研究以 2004 年绿色开放空间数据进行统计。虽然会对分析结果造成一定影响,但由于期间绿色开放空间建设基本处于稳定状态,因此不会造成较大差异。研究范围内面积在 2 000 m²

(0.2 hm²)的社区级以上绿色开放空间都计入统计。其中新开发的半山公园与西溪湿地国家公园对研究区域内可达性影响较大。半山公园 2008 年建成开放;2010 年 9 月,半山、龙山、虎山三大公园连通,组成一个大的半山森林公园;2011 年 1 月,半山公园正式挂牌成为国家级森林公园,成为杭州主城区内首个国家级森林公园。2005 年,西溪湿地一期建成并正式开园,被国家林业局批准为首个国家湿地公园。多数绿色开放空间主要沿河分布,整体呈现分散化和点状布局形式,其他主要集中分布在大型公园与风景名胜区周边。研究多数采用绿色开放空间几何质心作为距离测量的基准点,对于大型公园和风景名胜区,则选取其公园主要入口作为几何质心(图 10 - 3)。

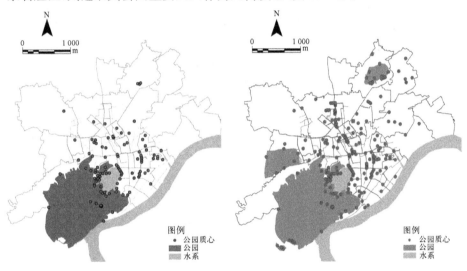

(a) 2000 年绿色开放空间质心分布图　　(b) 2010 年绿色开放空间质心分布图

图 10 - 3　绿色开放空间质心分布图

10.2　资料来源与数据分析

　　研究范围内杭州主城区各街道及镇人口数据来源于杭州市 2000 年第五次人口普查和 2010 年第六次人口普查数据。绿色开放空间数据及空间位置主要来源于《杭州西湖风景名胜区统计年鉴》,并参考《杭州市绿地系统规划修编 2007》《杭州公共开放空间系统规划》、杭州市卫星影像图、杭州天地图、百度地图及实地现场勘查与调研。

　　均衡布局是开放空间规划的重要内容,均衡覆盖首先应当是公平的覆盖,具体可以体现在居民与开放空间的距离或时间上,还可以体现在居民所能获取的服务或资源数量上。因此,本章选取简单缓冲距离法与高斯两步移动搜寻法,分别对研究范围内绿色开放空间物理可达性及居民所能获取的服务数量的潜在可达性进行分析,并对 2000～2010 年运用高斯两步移动搜寻法评价的潜在可达性的变化进行探讨。

确定服务半径是两种方法的核心内容。虽然《杭州市绿地系统规划》提出市级公园 2 km,区级公园 1～2 km 服务半径的要求,但这些要求基于使用机动车到达公园的交通方式。作为简单、健康及环境友好的交通方式,步行与自行车出行应得到提倡。因此,本章强调通过非机动车的方式到达绿色开放空间的能力。一般步行 5 min 约 400 m 是较为舒适的距离,同时杭州自行车的使用率非常高。本章分别采用 5 min 约 400 m 步行距离及 5 min 约 800 m 自行车出行距离(约 10 min 步行距离)作为服务半径。

10.3　可达性评价

(1) 简单缓冲距离法

使用 ArcGIS 空间分析功能,首先运用简单缓冲距离法对研究范围内绿色开放空间可达性进行分析(图 10 - 4)。2000 年 400 m 与 800 m 半径服务范围覆盖率分别达到 9.82% 与 25.41%,人口密度大于 5 000 人/m^2 的重点区域覆盖率分别达到 15.24% 和 38.44%。2010 年 400 m 与 800 m 半径服务范围覆盖率分别达到 19.13% 与 46.07%,重点区域分别达到 26.23% 和 59.41%。研究范围各年份覆盖率相对较低,相比非重点区域,重点区域所在街道覆盖率较高。随着绿色开放空间建设的加快,总体上覆盖范围有明显提高,尤其是在新增的大型公园绿地周边的街道,如半山街道和蒋村街道。周边非重点区域的个别街道覆盖范围变化不大,如九堡、三墩和康桥等镇。

诸多因素会影响可达性,除了距离因素,区域内绿色开放空间的供给量及附近人口数量等都会影响可达性。简单缓冲距离分析法(the radius-buffer technique)是计算物理可达性的基础方法,主要采用 GIS 空间分析中的领域分析功能。服务半径采用使用者距离城市开放空间的直线距离可达范围考虑了城市开放空间的空间位置与服务半径,主要适用于大尺度城市区域的开放空间规划控制。但简单缓冲距离法只考虑空间距离因素,单纯从物理可达性角

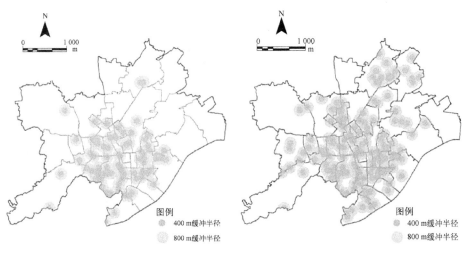

(a) 2000 年绿色开放空间覆盖范围　　　　(b) 2010 年绿色开放空间覆盖范围

图 10 - 4　绿色开放空间覆盖范围

度分析服务覆盖率没有考虑人口数量与开放空间面积因素可能造成的拥挤问题。因此,简单缓冲距离法无法较为准确地对开放空间可达性进行有效的评价。

(2) 高斯两步移动搜寻法

Dai(2011)提出的高斯两步搜寻移动法(Gaussian-based Two-step Floating Catchment Area)综合考虑人口数量、开放空间面积与出行阻力差异等因素,对人口与开放空间分布的匹配性及服务合理性进行分析,从而得到人均所能获取的开放空间面积,融合了供给能力与居民需求水平,较为准确地反映了开放空间潜在可达性。该方法对空间距离阈值内可达性作了进一步区分,具体过程分为两步。

第一步:对每一开放空间 j ,以空间距离阈值 d_0 形成空间作用域(catchment);利用高斯方程对位于空间作用域内的街道 k 的人口赋以权重,并对赋予权重后的人口进行加和,得到开放空间 j 潜在使用者数量;开放空间规模与潜在使用者数量的比值为供需比率 R_j 。

$$R_j = \frac{S_j}{\sum_{k \in \{d_{kj} \leq d_0\}} G(d_{kj}, d_0) P_k} \tag{10-1}$$

式中, P_k 为开放空间 j 的空间作用域内($d_{kj} \leq d_0$)街道 k 的人口数量; d_{kj} 是街

道 k 中心到开放空间 j 中心的空间距离；S_j 为以面积表示的开放空间 j 的容纳能力；$G(d_{kj}, d_0)$ 为考虑空间摩擦的高斯方程，计算方法如下：

$$G(d_{kj}, d_0) = \begin{cases} \dfrac{e^{-(\frac{1}{2}) \times (\frac{d_{kj}}{d_0})^2}}{1 - e^{-(\frac{1}{2})}}, & \text{if } d_{kj} \leqslant d_0 \\ 0, & \text{if } d_{kj} > d_0 \end{cases} \tag{10-2}$$

第二步：对每一街道 i，设定空间距离阈值 d_0，形成另一个空间作用域，利用高斯方程对位于空间作用域内的开放空间供给比率（R_i）赋以权重，并对加权后的供给比率（R_i）进行加和，得到每个街道开放空间可达性 A_i。A_i 可以理解为在某一研究范围内开放空间的人均占有量（m²/人）。

$$A_i = \sum_{l \in \{d_l \leqslant d_0\}} G(d_{il}, d_0) R_l \tag{10-3}$$

式中，R_i 表示街道 i 的空间作用域内（$d_i \leqslant d_0$）开放空间 i 的供给比率。

依据其计算原理，开放空间潜在可达性实际上等价于加权后的人均面积。总体而言，研究范围绿色开放空间可达性水平普遍偏低。2000 年 800 m 半径潜在可达性均值 0.37，最大值 3.54 m²/人。2010 年比 2000 年可达性有明显提高，可达性均值达到 5.65 m²/人，最大值 56.42 m²/人。此外，800 m 半径可达性总体上优于 400 m 可达性。例如，2010 年 800 m 可达性最高为 56.42 m²/人，高于 400 m 可达性确定的最高为 41.65 m²/人。

就空间分布而言（图 10-5），2000 年开放空间可达性整体上呈沿河带状分布的空间特征。400 m 距离可达性相对较高的区域主要分布在京杭大运河、贴沙河、东河等河流沿岸，呈现带状分布；800 m 距离范围内，河流沿岸及西湖风景名胜区以东、以北区域可达性较高。2010 年研究范围内可达性呈组团分布的特征。400 m 距离可达性较高的区域有杭州半山国家森林公园组团区（半山街道）、杭州西溪国家湿地公园组团区（蒋村街道）、西湖风景名胜区组团区（北山街道、清波街道、小营街道）、运河沿岸组团区（拱宸桥街道、和睦街道、湖墅街道等）；800 m 距离可达性较高的区域仍是以上四个组团，其中西湖风景名胜区组团区及运河沿岸组团区两个组团内可达性较高的街道数量有所增加。

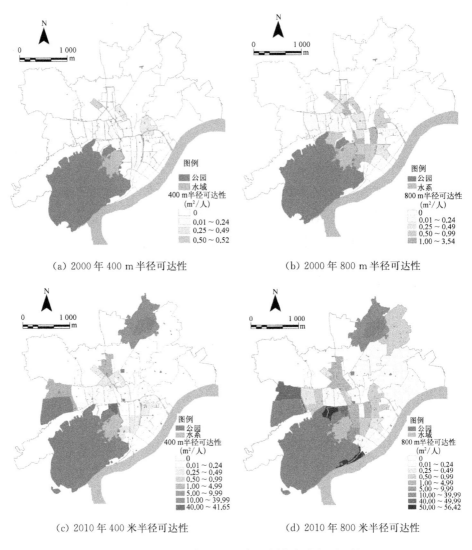

(a) 2000 年 400 m 半径可达性   (b) 2000 年 800 m 半径可达性

(c) 2010 年 400 米半径可达性   (d) 2010 年 800 米半径可达性

图 10-5　2000 年和 2010 年不同服务半径可达性

　　总体而言,主城区绿色开放空间可达性空间分布较不均衡,呈现出较强的空间极化特征。周边有大型公园或河流两岸地区的可达性较高。分布在运河及各主要公园景区外围的部分区域,由于区域内绿色开放空间数量较少,可达性相对较低。也有部分重点区域虽然绿色开放空间数量较多,但普遍规模较小,分布不均,区域内人口密度又相对较大,因此形成可达性的低值区。

10.4　可达性变化评价

　　通过对 2000 年与 2010 年研究范围内绿色开放空间可达性变化(图 10 - 6)的比较,发现可达性有了普遍提高,但不同区域(包括街道和镇)可达性变化呈现出截然不同结果,大致可以分为如下四种类型。

　　第一种类型:显著提高。少数街道可达性明显提高。例如,400 m 可达性提高最大的区域集中在北山街道、半山街道、拱宸桥街道等,提高量最高可达 41.65 m²/人;800 m 可达性变化量提高更为显著,最大的区域集中在南星街道、灵隐街道、北山街道、蒋村街道和半山街道等。究其原因,大型公园的建设对其周边地区可达性提高贡献显著,新增面积最大的公园包括半山公园和西溪国家湿地公园等对周边街道可达性的显著提高起到重要的影响。

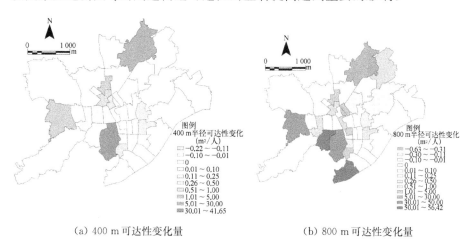

(a) 400 m 可达性变化量　　　　　　(b) 800 m 可达性变化量

图 10 - 6　不同服务半径可达性变化量

　　第二种类型:相对提高。就 400 m 服务半径而言,约 1/4 的街道可达性有了相对提高,就 800 m 服务半径而言,超过 1/2 的街道可达性有了相对提高。尽管提高并不显著,但考虑人口快速增长的因素,仍值得一提。研究范围内 2010 年城市常住人口为 276.46 万,2000 年常住人口 208.35 万。10 年间研究范围内常住人口增长了 68.11 万人,增长了 32.86%。随着城市建设进程的加快,同期绿色开放空间数量明显增加,面积均有扩大。研究范围内 2000 年绿色开放空间总计 76 处,面积 677.39 hm²;2010 年总计 127 处,面积

1 386.20 hm²。2010 年比 2000 年新增 51 处，新增面积 708.81 hm²，面积增加了 104.64％。以公园为主的绿色开放空间建设速度与人口增长速度相匹配，且较为均衡分布的中小型绿色开放空间的大量建设为可达性的提高起到重要的作用。

第三种类型：略有降低。虽然多数街道可达性有了普遍提高或保持原有水平，但也存在个别区域可达性负增长的现象。例如，10 年间某街道人口增长了 43 580 人，而绿色开放空间数量仅增加 1 处，面积增加 0.4 hm²。另一街道人口增加了 2 097 人，而绿色开放空间数量和面积并没有相应地增长。绿色开放空间建设速度缓慢并滞后于人口增长速度是可达性降低的主要原因。在这些区域，新的绿色开放空间建设和现有的改造是提高可达性的有效方式。

第四种类型：可达性为零。为数不少位于城区外围又远离公园或水体的街道，在两个普查年份步行或骑自行车 5 min 的绿色开放空间可达性均为零。可达性为零引发了对于这些区域绿色开放空间相对缺乏或对其非均衡分布的关注。

10.5　可达性及变化的社会经济差异

由于人口异质性的增加及社区转变的制度和市场等动因，我国的城市社区以一种难以预测的更加复杂的方式变化。近几十年来，以市场为导向的经济改革，使我国城市社会的各个方面都发生了深刻的变化。住房体制改革和社会阶层的分化使社会成员从"单位人"向"社会人"转变；基于价格机制的市场"过滤"作用，计划经济条件下形成的城市社区空间均质性被打破，社区分层日益明显。我国住宅分配方式也经历了由计划到市场的转变过程。我国社区经历了传统性社区、分配型社区、商品性社区、边缘社区和混合型社区等多种类型的更迭与共存的阶段。

与城市社区分异演变相伴而行的是一系列的城市问题及社会公平等问题，尤其是在老旧社区和弱势群体中。诸多社会问题包括阶层和收入的隔离、人际关系的冷漠、社区归属感和凝聚力的缺失、青少年心理问题，甚至包括青少年犯罪在内的一系列严重的社会问题。社区空间分异也在一定程度上剥夺了低收入人群享有社区资源和服务的空间机会，或增加了他们享有这些机会的成本。

开放空间的营造是解决社区问题甚至城市问题的有效途径之一,对提高居住生态环境品质和居民生活品质、促进邻里交往和地域特色、提升城市品质等形成方面起到至关重要的作用。社区开放空间支持人们众多的交往行为,对于社区空间的人性化交往,进而对于和谐社会关系的建立及维持社会的稳定具有重要的意义。然而日益凸显的社区分层和需求分化使原本在质和量上就欠缺的开放空间越来越无法适应居民不断增长的需求。

基于 21 世纪以来开放空间价值的社会转向,关于不同社会经济地位(SES)的人群对开放空间的需要和需求及两者之间的关系成为研究热点。基于人口的社会经济特征,相关研究分析了开放空间可达性是均等地还是不均等地在不同的种族或阶级之间分布。众多研究表明,绿色空间或公园等开放空间可达性存在较为明显的社会经济差异。收入和种族是国外社区分异的两个重要因素。我国种族单一,但在收入和城市化水平等方面存在较大差异,这是与北美不同之处。因此,对我国开放空间公平性研究对全球城市相关研究可提供有益的补充与借鉴。对开放空间是否以及在何种程度上达到社会公平问题的探讨,有助于政府与规划师了解与开放空间可达性与公平性相关的空间与人口特征,从而根据不同社会群体的差异特征公平而有效地进行城市开放空间的规划供给。

通过双变量分析、OLS 线性回归模型及空间滞后模型,本研究对开放空间的社会经济差异进行判断。选取包括老年人口比例、青少年人口比例、高等教育比例、人均住房面积以及非农人口比例等在内的五项指标,研究结果表明无论是绿色开放空间可达性还是可达性变化,都没有呈现出与这几项指标的显著相关性,也即不存在显著的社会经济差异。

10.6　可达性与公平性主要特征

基于第五次和第六次人口普查街道层面数据,本章分别对杭州市主城区街道层面绿色开放空间可达性进行了评价,并对这 10 年间可达性的变化进行了分析。研究结果表明,中心城区街道层面绿色开放空间可达性总体上有很大的提高,绿色开放空间分布及其变化的空间分布存在一定程度的空间差异,但并未伴随显著的社会经济差异。具体而言,研究结果可总结为如下几大特征。

(1) 可达性及其变化的空间不均衡

10 年间虽然绿色开放空间总面积和可达性有了普遍提高,但多数绿色开放空间位于远离城市居民聚居的外围区域,导致统计数据与实际可达性之间存在较大差异。主城区可达性分布较不均衡,呈现出较强的空间极化特征。从空间分布可知,河流及大型公园对可达性极化具有重要影响。大型公园的建设也是可达性变化空间不均衡的重要原因。但在人口快速增长的情况下,与居民接近的大量中小型公园与开放空间的均衡规划与建设对可达性的普遍提高或稳定起到了举足轻重的作用。

(2) 带状向组团状模式演变

研究范围内绿色开放空间建设是在充分利用和发挥自然条件前提下进行的空间布局。杭州主城区开放空间可达性提高最快的地区主要是自然资源禀赋较好的区域。总体而言,杭州主城区研究范围可达性呈现由带状向组团状模式演进的趋势。2000 年杭州主城区可达性整体上沿河呈带状分布的空间特征,2010 年呈现组团分布的空间模式,形成以运河、西湖风景名胜区、西溪湿地和半山为核心的几大组团。

(3) 城市化过程居民福祉变化的差异性

不同街道可达性变化存在空间差异性。虽然个别街道可达性有显著提高,且多数街道绿色开放空间建设速度与同期人口增长速度相匹配,但仍有大量街道可达性为零或呈负增长。如果便捷的抵达公园和开放空间是居民福祉的某种体现,那么研究范围内城市化进程带来的是与可达性相关的居民福祉变化的较大差异,这种差异主要体现在空间上而非社会经济等方面。

(4) 可达性及其变化的社会经济差异

目前杭州绿色开放空间可达性及其变化在街道层面并没有呈现出明显的社会经济差异,处于公平性发展的早期阶段。但住房制度改革和收入差距的日益增加可能会强化住房状况和收入的空间差异,从而导致未来绿色开放空间供给的社会经济差异,步入公平性发展的第三阶段。其次,在研究过程中也对杭州市社区层面公共开放空间可达性及公平进行了深入的分析,其具体内容未包含在本书当中。但通过高斯两步搜寻移动法、双变量分析及空间滞后模型,对杭州人口密度最高的上城区和下城区两个老城区开放空间可达性及公平性的研究结果表明:研究范围在一定程度上存在开放空间分布的不公平性,在人口密度较高的老城区,社会经济地位较低的社区对安全和良好维护的开放空间的可达性较差,其公共健康和社会福利面临巨大挑战。而社会经济地位较高的社区,享有良好的开放空间可达性。由于上城区和下城区位于杭州市的老城区,老旧社区及城中村社区多集中在该区域,那里的开放空间相对缺乏或维护不善;而新建的商品房开放空间尤其是绿色空间比较充分并维护良好。居住区内部开放空间的差异更强化了社区开放空间可达性的社会经济差异,对在社区分异视域下开放空间进行合理规划布局提出了新的挑战。

10.7　小结

作为重要的公共物品之一,城市开放空间的供给往往难以满足居民需求,且不同城市及城市内不同社区可达性也存在较大差异。本章揭示出杭州主城区的诸多街道仍然存在可达性较低的问题,且不同区域不能均等地受益于绿色开放空间的新建或扩建。可达性及公平性评价为城市规划师和政策制定者提供了城市绿色开放空间规划建设和管理的依据,是保障公众健康及社会公平的有效手段。因此在确定可达性薄弱地区的基础上,未来规划应按照可达性与公平性最大化原则,在综合考虑开放空间建设对不同区域居民影响的空间公平和社会公平的基础上,提出最优的绿色空间规划建议,以向公众提供更高的服务水平。

社区的社会经济状况和开放空间可达性的空间不匹配提醒地方政策制定者进行恰当的干预,在判明需要增强的区域及服务的人口情况下,对最大化开放空间可达性和公平性提出空间优化建议。高斯两步移动搜寻法和回归分析的方法可作为开放空间可达性评价及规划干预的有效工具。为使更多的人能在一定的时间和空间范围内抵达开放空间,对其位置的选择应旨在最小化可达性的社会差异,避免低收入者或其他社会弱势群体缺乏获得开放空间益处的可能性。

然而城市开放空间策略可能存在一定矛盾:虽然新建公园和开放空间会在一定程度上解决环境公正问题,使得社区更加健康并富有吸引力;但是这同时提高了住房成本及物业价值,最终导致希望通过绿色空间建设获益的原住民或最需要这些空间的人群被替代的绅士化过程。这种模式也塑造了中国或其他亚洲国家。杭州老城区同样面临与公园和开放空间有关的环境公平与绅士化问题,而由于开放空间悖论,如何在建设更多的公园和开放空间过程中避免这些不良后果将是城市规划需要重点研究的课题。

由于数据来源的局限性,本章研究范围周边的人口数量及绿色开放空间的相关信息并未纳入研究范围,导致在使用高斯两步移动搜寻法计算可达性时,造成可能的边界效应,从而在一定程度上影响研究结果的准确性。同时将每个街道视为人口分布均质的地块,这会对绿色开放空间可达性的准确性造成一定影响。另外,该研究的结果是否适用于杭州市其他城区及其他城市还有待进一步研究。后续研究及比较研究能更好地为把握我国开放空间可达性与公平性的现状和发展趋势,进一步制定合理的开放空间规划策略提供有益的借鉴。

第11章
我国开放空间规划控制体系建构

开放空间规划控制主要包括规划制定和实施两个阶段,涉及行政手段、法律手段和经济手段多个方面。为更好地保护和利用开放空间,并进行有效的规划建设,城市政府和规划师需要了解并回答诸多问题。如城市及市民要保护与利用的开放空间到底是什么?开放空间的形式和功能如何?按照何种标准进行规划设计?什么规模的开放空间对社会、文化和生态具有重要的价值,如何发挥其应有的功能?如何建立开放空间之间的联系?如何保障开放空间的社会公平从而使其服务于更多人群?开放空间规划应遵循何种模式及框架?如何建立科学、系统及高效的开放空间规划控制体系?如何发挥私人及非营利机构在开放空间规划建设投资与管理中的作用?如何有效实施规划控制,引导城市高品质公共开放空间的建设?如何对开放空间进行合理的规划控制与管理?如何及在何种程度上达到开放空间的空间公平与社会公平?对这些问题的探讨有助于政府与规划师对开放空间相关理论与方法的探索与思考,从而根据不同城市的特征及社会群体的差异性有效地进行城市开放空间的规划供给。

　　理论的产生和实践的发展具有较强的地域性时限性。前面章节对开放空间规划及控制等进行了详细的阐述。总体而言,发达国家尤其是北美已形成从区域到地方不同等级的开放空间规划及控制体系,形成了较为完善的开放空间规划控制标准,并采用多种经济手段对开放空间建设进行调控。其开放空间规划对我国来说是值得借鉴的超前理论和先进经验,还是具有较大地域差异而无法采纳或已经过时的理论?

　　没有任何两个国家的体制是完全一样的,国际案例城市开放空间规划的土地运营方式、政府财政支持、项目开发建设过程等与我国的城市建设背景也存在较大的差异。虽然体制不同,但其开放空间规划中所涉及的各种法规政策和技术标准、规划内容和形式等,尤其是在规划过程中对人的行为和实际需求的理解及公众参与的过程等可为我国开放空间规划提供有益的借鉴,可以引发我国相关人员继续深入研究。

　　从开放空间发展阶段来看,一个城市应在满足点状分散的开放空间需求的基础上逐步进行公园系统或线性开放空间的规划建设,将分散的开放空间串联起来,最后形成有机联系的开放空间网络系统。目前西方国家已经进入了线性开放空间或网络化系统化的开放空间规划建设发展阶段,尤其是在 20

世纪末绿道规划成为一项遍布全球的运动之后。与发达国家相比,我国开放空间规划尚处于起步阶段。个别城市开展了开放空间的规划或专项研究,有些城市和地区越过开放空间规划阶段,直接跨越到目前西方国家盛行的绿道规划建设阶段。

从开放空间地域差异来看,我国国情决定东部沿海发达地区与中西部地区及各个区域内部城市之间存在巨大的差异。目前有些地区仍面临开放空间总量不足、质量不均、开放空间私有化及分散的开放空间无法满足居民需求等问题;有些地区则处在开放空间建设提高阶段,而有些已经进入线性或网络状发展阶段。

因此,对国际开放空间规划不同发展阶段的理论及经验总结对具有较大区域差异及发展阶段差异的我国开放空间规划建设具有重要的借鉴意义。为将城市开放空间保护与规划的相关内容纳入我国城市规划体系及开展不同阶段的城市开放空间规划建设具有一定的参考价值。

在总结国际经验的基础上,针对我国开放空间规划现状,本书提出如下建议:① 建立多层次协调的政策法规框架,将构建我国开放空间法规体系作为一项重要任务;② 确立功能并举的规划控制目标及标准,将开放空间保护与游憩娱乐作为同等重要的功能;③ 采用定性与定量相结合的规划方法,在定量标准的基础上结合定性的规划方法制定规划政策与策略;④ 构建系统的开放空间规划编制体系,并将其纳入我国现行规划体系,探讨性的提出我国开放空间规划的步骤、内容、编制审批等方面的内容;⑤ 完善开放空间公共财政与管理体系。

11.1 建立多层次的政策法规框架

从法律制度上完善开放空间规划控制机制,是保障开放空间规划建设有序进行的关键。城市规划的法律体系包括城市规划的主干法、从属法、专项法和技术条例,以及与其他与城市规划相关的法律等,其中前三者是规划法律法规的核心。主干法(Principal Act)是针对城市规划行政机构及相关职责、规划编制和审批程序以及开发控制等的法律条款。从属法(Subsidiary Legislation)则用来阐述规划法相关条款和实施细则。专项法针对城市规划中的某些特定专题而制定。其他与城市规划行政有关的法律法规构成相关法。按照国家与地方的政府行政体制关系,这些法律可以构成城市开放空间规划的纵向法律体系。

我国目前已经形成以全国人民代表大会颁布的《中华人民共和国城市规划法》为核心,包括国务院制定的各项行政法规,省、自治区、直辖市的人民代表大会及常务委员会制定的地方性法规,国务院各部委制定的部门规章,以及地方人民政府制定的地方政府规章等在内的城市规划法规体系。但由于我国开放空间规划尚处于起步阶段,用于调整城市开放空间规划编制和规划实施的法规体系还相当缺乏。因此,在法制建设中需要制定和完善省和地方层面开放空间相关规划法律法规,或对现有法律法规进行必要的调整和补充,达到对开放空间规划建设和管理有效的控制和引导。

层次协调的开放空间构架有利于实现开放空间规划建设的稳定性、连续性和长效性。我国应从法律制度层面保障开放空间政策法规的制定,不同层级政策法规的垂直协调及同级之间的水平协调。在宏观层面,构建相互协调一致的开放空间规划的相关法律法规、技术规范和标准,并采取多种形式为地方开放空间规划提供资金支持和政策保障。同时以法规的形式将开放空间保护、资金运作、开放空间规划等相关内容制度化。制定相关政策和激励机制,引导公共和私人开放空间规划建设。地方要结合实际情况制定与其配套的各项开放空间规划法规和技术规范。

11.2 确立功能并举的规划目标

开放空间利用不是单纯的基于保护的利用,本质上,开放空间应作为综合土地利用管理制度的重要组成部分,用以满足居民户外游憩活动需求。Merrill(2004)在《开放空间在城市规划中的作用》中指出,单纯的开放空间保护并不能最大限度地保持生物多样性,开放空间保护的最大贡献可能来自在保护的同时如何使城市成为最适宜居住的场所。因此,开放空间规划应重视开放空间保护与居民户外游憩活动的双重目标。户外运动是增强体质和促进身心健康的最佳健身途径之一。从美国的大户外规划、州及地方层面的户外游憩与开放空间规划都可以看出,户外运动受到了不同层级政府及全民的大力推崇。其开放空间规划控制的侧重点虽然略有不同,但无论是国家、州还是地方层面,都对开放空间保护与游憩娱乐功能同等重视。

为了促进全民健身活动的开展,保障公民在全民健身活动中的合法权益,提高公民身体素质,2009 年我国国务院第 77 次常务会议通过《全民健身条例》,显示了国家对全体居民身体健康和素质提高的重视。但全民健身的重点多集中在体育设施或运动健身器材等方面,缺乏对作为户外运动载体的城市开放空间的规定和相关使用要求。2016 年国务院印发《全民健身计划(2016—2020 年)》,强调全民健身公共服务体系的建设。2016 年全国卫生与健康大会提出普及健康生活、优化健康服务、建设健康环境等推进"健康中国"的举措,促使规划者思考城市建成环境与居民健康之间的关系。而城市开放空间在改善居住环境健康效益方面发挥着举足轻重的作用,成为健康城市评价的重要标准之一。

在我国居民户外游憩娱乐与健身运动相对缺乏的情况下,功能并举的开放空间规划控制是既保护开放空间自然景观价值,又满足居民对户外休闲娱乐运动需求的解决之道。

11.3　定性定量相结合的规划方法

过去几十年,强调开放空间的卫生、健康、教育、审美及经济等功能。基于这些功能,开放空间规划多采用定量化的分析方法,主要回答与量化控制相关的规划问题,如开放空间总量供给、人均供给、空间分布、可达性、选址与尺度、最小面积等是否满足居民需求的问题。作为开放空间定量规划的早期倡导者之一的瓦格纳(Martin Wagner)就认为对"城市绿色空间的争夺"就是对"平方米的争夺"。定量规划标准能够在社会经济变化过程中,对开放空间的现状进行评价,并对开放空间的未来提出要求。

在我国的国家、地方或行业技术标准和技术规范中,与开放空间相关的各项国家标准和地方规范包括:① 国家标准、技术规范及相关规定,如《城市用地分类与规划建设用地标准》(GB 50137 - 2011)、《镇规划标准》(GB 50188 - 2007)、《城市绿地分类标准》(CJJ/T 85 - 2002)、《城市园林绿化评价标准》(GB/T 50563 - 2010)、《国家园林城市评价标准》(GB/T 50563 - 2010)、《国家园林城市标准》(2000)、《城市道路绿化规划与设计规范》(CJJ 75 - 97)、《城市居住区规划设计规范》(GB 50180 - 93)、《城市绿地设计规范》(GB 50420 - 2007)及《公园设计规范》(CJJ 48 - 92)等;② 地方规划标准技术规定及规划条例,如《上海市城市规划管理技术规定(土地使用建筑管理)》(2003)、《深圳市城市规划标准与准则》(SZB-97)、《上海市控制性详细规划技术准则》(2011)、《上海市植树造林绿化管理条例》(2003)、《广东省城市绿化条例》(2014)、《厦门市城市园林绿化条例》(2004)、《北京市绿化条例》(2009)及《杭州市城市绿化管理条例》(2011)等。

这些国家、地方和行业的技术标准和技术规范中没有提及开放空间的概念,本身并无相应的标准可循。个别城市制定了开放空间规划、绿地绿道规划或其他相关规划,例如《珠江三角洲绿道网总体规划纲要》、《广东省绿道网建设总体规划》(2011—2015)、《杭州市公共开放空间系统规划》(2007)、《唐山公共开放空间系统规划》(2008)、《深圳市绿道网专项规划》(2011)、《深圳经济特区公共开放空间系统规划》(2006)、《成都市绿地系统规划》(2013—2020)及《北京市绿地系统规划》(2004—2020)等。由于缺乏开放空间规划的规范与标准,这些规划亦或缺乏相应的规划依据,亦或将《城市用地分类与规划建设用地标准》或《城市居住区规划设计规范》等作为规划依据。其次,我国目前已有的开放空间规划尝试仍处在满足定量化的发展阶段,尽管某些国家或地方标准和规范涉及开放空间的某些要素,但多是建立在用地分类基础之上对绿地广场比例或人均指标等进行要求,或局限于可达性及覆盖范围等几项指标,并没有形成有针对性的系统的开放空间规划标准。

开放空间规划目标的不明确及规划依据的缺乏使得现有其他规划标准和规范无法对开放空间规划进行有效地指导。因此建议各省和地方政府结合自身开放空间现状及保护与发展目标,在借鉴国际相关经验及整合国内现有相关规划标准等的基础上,针对相应目标制定相应级别的开放空间规划标准和规范,用以有效地指导区域内开放空间的规划建设。国家规划标准和规范中要增加开放空间相关内容,以保障开放空间的总体水平;省层面的开放空间规划标准和规范要保障区域内开放空间的总体数量水平和布局的公平性与合理性;地方政府应制定与其配套的标准和技术规范,要结合地方实际情况对上一层次标准进行具体化,确保其可操作性。

随着后工业社会的到来,人们逐渐意识到城市空间、生态环境及社会文化等的重要性。依据功能定义的开放空间目前已无法用来描述开放空间的复杂性,开放空间的其他功能,如作为大都市空间结构的构成要素、基础设施的重要组成部分、开放空间的休闲娱乐潜力和生态平衡功能以及作为城市文化表现和审美感知对象功能日渐受到重视。社会与空间的变化及观念的转变也逐渐对纯粹的定量化控制方式提出了一定质疑。

定性的过程有助于探讨全新的城市开放空间的结构及概念,得出未来开放空间的可能性。这一时期开放空间规划需要回答的问题与传统的定量阶段有所不同。如规划要达到怎样的政治或规划目标?要实现这些目标需要采取何种战略与策略?开放空间需要提供哪些社区活动与社会服务?如何促进开放空间中人与人之间的交流和互动?如何公平公正地提供开放空间?哪些类型的开放空间应得到公共财政的支持?哪些应由私人开发商来提供?开放空间规划管理的公众参与应针对何种类型的开放空间以及到什么程度?哪些制度性的规定是必要的?单纯依靠定量的方法无法对这些问题进行有效的回答。

因此,定性方法是传统方法的全新替代,它提供了"解释的艺术",这种艺术在于准确地理解规划设计的性质,强调对于城市社会和城市性质的多元化和同步性的理解。科学的艺术在很大程度上依赖于规划师或研究者本人,无法完全脱离研究者来进行诠释。通过这种方式,定性规划方法不仅在于它对社会和文化关系的理解,也在于它的方法论基础。

定性的方法主要是通过使用逻辑论证处理模棱两可的事物,理解并解决某些限制条件,形成独立的理论用来指导开放空间规划。文字和图片等是定性分析的重要手段和探讨变化的需求的主要方式,可以通过问卷调查、访谈、观察或文献等方式获取。

从开放空间规划方法的地域差异看,目前发达国家多以定性为主,但并没有忽视定量规划方法的重要性,而是将其作为最基本要求进行控制。对我国而言,在开放空间规范及规划中,要将开放空间规划的定量标准等作为基本内容,同时采用定性的方法对开放空间的其他方面提出相应的要求。

11.4 构建系统性的规划编制体系

发达国家已经形成较为完善的开放空间规划编制体系,按照空间层次可以分为区域层面和地方层面开放空间规划。虽然开放空间规划编制的内容和深度不尽相同,但规划编制的步骤、内容、审批及公众参与等存在一定的共性。

目前我国已经形成包括城镇体系规划、总体规划和详细规划在内的规划编制体系。《城市规划编制办法》(2006)对城市规划编制及主要内容等提出了相应要求。但我国开放空间规划尚处于起步阶段,现行规划编制体系没有明确提出与开放空间规划相关的内容,分散于总体规划中的绿地或生态等相关章节或专项规划,无法保证开放空间建设的整体性和系统性;控规层面也没有细化和落实总规中提出的涉及开放空间的内容,更没有将其作为审批或项目安排的依据。虽然个别城市进行了开放空间规划的尝试,但仍局限于分散的规划或章节,没有形成完善的开放空间规划控制体系。如燕雁(2014)对上海市涉及公共开放空间的相关规划进行了总结,提出包括如下三个层面的内容:① 总体规划层面主要是在全市层面,对防护绿地和公共绿地进行总体布局,对风景区和自然保护区进行划定,对空间景观建设进行指导。主要包括文本/纲要(如《上海市总体规划 1999—2020》中"环境景观发展规划"章节)、专项规划(如《上海市市总体规划 1999—2020》中专项"绿地系统规划")、实施评估报告(如总规实施评估报告中"生态"专项)三个规划层次。② 专项规划层面包括生态专项建设工程规划(如上海市生态专项建设工程控制性规划)、绿地系统规划(如虹口区城市绿地系统规划)、绿地系统规划建设评估、景观系统研究(如中心城区规划专项研究——景观系统研究)四个层次。③ 控制性详细规划层面对重点片区增加附加图则。

为适应我国快速城市化发展及居民日益增长的对开放空间的要求,需要将制定与完善我国开放空间规划编制体系作为一项重要任务。加强我国开放空间规划的编制工作,以填补我国开放空间规划的空白;通过厘清各级开放空间规划与法定规划之间的关系,构建与现行法定规划体系相衔接的开放空间规划体系;将开放空间规划的要求纳入控制性详细规划,增强其可操作性,使其成为开放空间开发控制的依据;完善开放空间规划的组织编制和审批程序,保证开放空间规划的法制、规范、科学和公正。

11.4.1 总体规划阶段开放空间规划控制

在总体规划阶段,我国现行城乡规划编制体系没有针对开放空间规划的要求。《中华人民共和国城乡规划法》(2015 年修正)第十七条提出城市总体规划、镇总体规划的内容应当包括城市、镇的发展布局,功能分区,用地布局,综合交通体系,禁止、限制和适宜建设的地域范围,各类专项规划等。规划区范围、规划区内建设用地规模、基础设施和公共服务设施用地、水源地和水系、基本农田和绿化用地、环境保护、自然与历史文化遗产保护及防灾减灾等内容,应当作为城市总体规划、镇总体规划的强制性内容。其中没有提出开放空间规划的内容和要求。《城市规划编制办法》(2006)也没有单独提出对开放空间系统规划的相关要求。总体规划阶段与开放空间相关的规划被分解到多个相关专业规划中,如道路交通、城市绿地规划、环境保护规划、风景名胜规划、历史文化名城保护规划、基础设施规划和综合防灾规划等。此外,各专项规划仅对绿地或水体等分别提出控制要求,总体规划阶段缺乏对作为整体的开放空间规划的控制标准。因此,分散的专业规划不能从城市整体的角度对开放空间系统进行有效的配置和安排。在借鉴国际经验的基础上,本部分对我国总体规划阶段开放空间规划的目标、步骤、内容、表达形式及相应的规划指标和标准等提出一定的建议。

(1) 开放空间规划目标

城市总体规划阶段开放空间规划主要是提出城市开放空间体系构架,并为详细规划编制提供法定依据。城市开放空间总体数量不足、布局不均及品质不高是现阶段我国部分城市存在的主要问题。因此,总体规划中开放空间规划部分或开放空间专项规划要将提高开放空间的总体数量及空间布局的合理性作为主要目标。

(2) 开放空间规划步骤

开放空间规划编制需要理清规划程序,明确每一规划步骤需要注意的内容和采取的方法。在对开放空间规划理论与实践经验总结的基础上,结合我国国情及目前已经完成的开放空间相关规划,初步提出开放空间规划编制过程(Open Space Planning Process,OSPP)。总体而言,OSPP 包括调查研究、综合评价、规划制定等方面的内容。

1) 调查研究

公共空间—公共生活 PSPL 调研法将调研步骤分为公共空间分析、公共生活调查、总结与建议三部分。开放空间规划调查研究是通过现状调研或问卷调查等方法,获得开放空间现状、居民需求和满意度,以及需求偏好变化等方面的信息。因此本书认为开放空间规划调查研究步骤应包括开放空间分析、生活需求调查、需求偏好跟踪及总结建议四个方面(图 11-1)。

图 11-1　开放空间调查研究步骤

开放空间分析:通过现场调研及

文献研究等方式,对规划范围内开放空间现状条件进行分析,依据开放空间类型、性质、特征和设施等,对规划区域的开放空间进行描述、分析与评价。

生活需求调查:人口异质性导致不同人群对开放空间需求存在差异性,同时社区内部组成成员的娱乐休闲模式和偏好也存在差异。这些差异性体现在不同社区类型对开放空间需求的分异。需要通过访谈或问卷调查等方法,结合人群分类、社区分类和时间分类等对居民需求以及开放空间使用情况及满意度等进行调查。

需求偏好跟踪:社会的不断变化,如老龄化、文化多元化、收入的分化或人们生活方式和生活态度的转变等都会导致对开放空间这一公共物品需求和偏好的转变。人口的快速增长也导致对开放空间和其所提供服务的需求显得更为迫切。

总结建议:在对开放空间和居民生活需求调查分析的基础上,结合对需求变化的跟踪调查,归纳总结出不同类型人群或社区居民活动的主要特征和需求的共性及差异性,与开放空间现状进行比较,提出满足供给与需求的相关建议。

2) 综合评价

城市开放空间建设需要用一定的标准衡量和检验,或者说需要一套科学的、完整的、可操作的评价指标体系。它是能客观、准确、全面地描述开放空间品质高低的参数集合。通过评价开放空间质量等级及使用者需求,为科学、合理地制定城市规划和相关建设决策提供客观依据。

开放空间质量和使用后评价方法颇多。例如,HKPSI(2012)提出了城市公共开放空间质量建设的金字塔模型,提出四个递进的维度用以评价城市公共开放空间建设的优劣。其中最为基础的评价指标是可达性,指使用者到达和使用公共开放空间的难易程度;其次是公共开放空间的环境与设施质量,包括环境的安全、舒适,服务设施的类型、数量和质量;再次是公众使用指标,通过环境营造来引导开放空间的公众使用以增加其活力;最后一项指标是开放空间中使用者之间发生相互联系和交流的强度,质量较高的公共开放空间应具有鼓励社交的作用。另一种开放空间使用评价沿两条线索展开,着重从环境与行为关系的角度研究人群的主观感受、主观环境取向和行为方式的主观评价,和以物质环境特征为主的质量标准为依据的客观评价。从目前的情况来看,国外的研究趋向复杂的以使用者为主体的主观评价,国内的研究更强调对客观物质条件的评价。

国外开放空间评价方法主要包括社区居民满意度 CSS 模型(Community Satisfaction Scale)、语意学解析 SD 法(Semantic Differential)、使用后评 POE 法(Post Occupancy Evaluation)、公共空间-公共生活 PSPL 调研法(Public Space & Public Life Survey)等多种方法。① CSS 模型在 20 世纪 60～90 年代已较为成熟,最初指居民对社区服务的社会心理反映或对环境质量的主观感知,其后这一概念不断扩展,从人际互动、价值系统、生活需求等角度给予社区居民满意度更丰富的内涵,并根据不同规模、目的或评价因子等,建立多变量满意度模型、场所评价综合模型或满意度综合模型等。该方法研究总结出包括人口统计特征、可视物质品质、社区活动特征、社区文化认同、私密性、噪声、社会生活质量、安全、管理和维护、美学品质及领域感等在内的诸多显著的因素。② SD 法是美国心理学家 Osgood 于 1957 年提出的作为一种心理测定的方法。该法根据特定尺度或等级定量对某一概念或事物进行描述。首先筛选出与研究对象相关的词汇,构成语义差异量表。标准的语义差异量表包含一系列形容词和它们的反义词。其次,为这一对意义相反的形容词分别构造若干等级。被测试者根据自己的感觉对研究对象的每一组意义相反的形容词分别选取相应的等级。最后研究者对分数统计并计算,来进行个人与群体的差异比较,或研究人们对周围环境或事物的看法或态度。③ POE 法是 20 世纪 60 年代从环境心理学领域发展起来的针对建筑环境的研究。指在建筑或环境建成一定时间后,将使用者对建筑或环境等的评价进行规范化、系统化的收集整理和科学的评价。选取定性及定量因子,将建成后特定时间的状况与初始设计目标进行比较,判定设计环境满足使用者需要的程度,实现对同类项目提供科学参考以提高设计综合效益的目的。④ PSPL 调研法是由盖尔(Jan Gehl)于 1966～1971 年开展的专项研究发展完善而成。是针对城市公共空间质量和市民公共生活状况的评估方法。目标是通过对市民在公共空间中活动状况的研究,探究空间环境与公共生活之间的关系。由地图标记法、现场计数法、实地考察法和访谈法四种方法构成。盖尔提出了包括防护性、舒适性及愉悦性在内的公共空间品质"12 关键词"标准。

在对现有的各方面理论、方法及调查研究结构进行分析的基础上,规划应选取适合规划研究范围的相关要素,构建评价指标体系。评价指标体系可根据各城市具体情况确定。如建立于 1996 年的公共开放空间工具(public open space tool，POST）提出的包括活动、环境品质、服务设施和安全等在内的五大评价项目。在质量评价的方法上，根据评价指标的不同可以分为单因子评价和多因子评价，其中多因子综合评价又可分为均权评价和加权评价。在对主客观评价的基础上，将现状条件与居民需求评价的结果进行比较，以期找出开放空间供给和居民需求之间的差距。

但也有学者认为城市公共空间品质的评价不必用综合评价方法而得出一个"综合"结论。本书也认为评价不一定需要构建复杂的评价体系，或得出一个具体的数字，而应采用定性与定量相结合的方法，强调对影响开放空间品质要素的分析，从而发现真正需要及时、重点解决的问题。

3）规划制定

开放空间规划可以是政策导向型或空间导向型。政策导向型开放空间规划旨在提供全面综合的开放空间政策，形成用以指导城市管理和政府决策的法定和非法定规划的一部分，进而作为其他更具体的策略、规划和措施的基础，也为社区规划或地区发展规划等提供政策指导。该类型的规划以政策和策略为核心，在具体策略下对开放空间规划控制指标等提出相应的要求。空间导向型规划旨在对开放空间进行总体布局，也可以在多种备选方案的基础上，采用情景分析法等对方案进行比选，确定最优方案。实际规划往往是政策与空间导向型相结合。

不断变化的社会，如老龄化、文化多元化、更为广泛的参与者、富裕或贫穷的变化，逐渐增长的对自然环境的保护及对健康和娱乐的关注，态度的转变等都会导致对开放空间需求和偏好的转变。例如，对自然和保护区价值的珍视增加了人们对保留和保护具有景观和环境价值用地的需求。另外，当人口快速增长时，对额外的开放空间或服务的需求就尤为严重。因此要对现状人口及发展趋势、社会发展趋势及价值观的变化等进行深入分析。在开放空间规划修编的情况下，要对变化的内容进行重新分析，同时提出必须调整、可以调整及没有变化的部分。

（3）规划内容及表达形式

开放空间规划可以是总体规划的组成部分，也可以是与上位规划相衔接的独立的专项规划。建议将现有总体规划中与开放空间相关的规划，如园林绿化、道路交通、文物古迹、风景名胜或其他专业规划中相关的内容，整合为独立的城市开放空间规划。现行绿地系统规划可以纳入开放空间规划，也可以是在开放空间规划框架下的专项规划。在目前相关规划缺位的情况下，有些学者提出将绿道网络规划作为指导城市建设的专项规划纳入城市规划体系的建议。但绿道从本质上讲属于城市开放空间系统的一部分，绿道网络规划应该是城市开放空间规划的组成部分。当然在开放空间规划的基础上，可以制定专门的绿道网络规划。

开放空间规划内容的表达形式包括规划文件和规划图纸，规划文件包括文本和附件。规划文件的体例与内容及规划图纸的内容与形式可以参考城市规划编制办法实施细则并结合地方特点制定。开放空间规划内容是对目标的具体表达。在对案例城市相关规划进行研究，结合国内相关规划及具体情况，建议在制定开放空间规划中应包括但并不局限于如下的主要内容。

1）政策及背景

政策及背景（policy and context）指对政府政策、相关规划、区域背景、发展历史、发展机遇和制约因素等进行分析。包括但不局限于如下内容：城市的开发模式，包括现有及未来居住区及就业区域、现有及可能的各类新中心；支持开放空间可达和功能的主要交通和基础设施网络、现存基础设施及对开放空间模式的影响、灰色基础设施对绿色基础设施的影响等；地方土地利用控制；人口特性，包括人口发展趋势、收入，职业等重要方面；长期发展趋势等方面的内容。

2）现状条件

现状条件（existing conditions）应着眼于规划范围内的如下内容：① 土地能力分析（支持开放空间和娱乐活动的能力）；② 交通设施状况和安全性，包括交通联系性及通达性、步行和自行车设施的状况和安全性等；③ 现有开放空间详细清单，包括开放空间的名称、位置、类型、功能、当前用途以及组成部分、质量、设施、场地大小、用地特性、权属、管理机构、使用现状、娱乐潜力、公众可达性、保护程度、历史文化价值、再开发与扩张的能力等；④ 对可能增强或阻碍目前开发的相邻设施等的分析；⑤ 与其他开放空间、场馆、中心和社区的联系；⑥ 土地价值、土地混合使用程度、使用频率和相关费用等；⑦ 可共享的开放空间资源，如学校、政府用地及私人娱乐设施等；⑧ 非公共开放空间的建设和使用情况等。

3）供给评价

城市开放空间建设需要一定的标准衡量和检验，或者说需要一套科学的、完整的、可操作的评价指标体系。它是能客观、准确、全面地描述开放空间品质高低的参数集合。供给评价(supply assessment)是在确定评价等级和评价因子的基础上,对于影响开放空间的每一个因子权重进行赋值,进而得出对开放空间的总体评价。一方面通过评价开放空间质量等级,为科学、合理地制定城市规划和相关建设决策提供客观依据,另一方面为评价开放空间规划设计提供一个可操作的指标体系。其中最主要的内容是确定影响开放空间使用的因素。在现有理论和方法的基础上,构建评价因子集高维度的因子层面,即一、二级评价指标;进而对这些高维度因子层面进行细化研究,综合开放空间质量影响因子的普遍性和差异性,建立次级评价因子,对评价标准进行具体阐述。

4) 需求分析

需求分析(analysis of needs)主要包括环境需求、使用者需求及管理需求等方面。通过对环境调查获取环境需求,旨在保护绿色基础设施,包括农业用地、公园绿地、历史文化资源、林地、水体及滨水地带、湿地和野生动物栖息地等;通过调查和调研问卷或公众听证会等形式获取居民对开放空间的需求,包括特殊人群(如残疾人)需求;通过对当前及未来管理需求,如人员配备、资金来源、使用冲突等的分析,了解管理需求,以达到投资成本最小、便于管理等目的。

5) 供给与需求比较

供需比较(comparison of demand and supply)是对供给与需求的比较,以确定供给和需求之间的差距,为规划目标的确定及政策和标准的制定提供依据。

6) 愿景与目标

愿景与目标(vision and goals):通过愿景、原则、目标或目的的设定清楚地表达规划意图和方向,使城市规划管理者、社会各界了解规划及其所提出的设想等。其中愿景是对规划期望结果的概括性表述。目标是对愿景的落实和具体表达,反映现实的可能性和价值观。它是对预期结果更为精确地陈述,具体提出将实现什么目标,通常情况下是可度量的,从而为评估和监测提供基础。

7) 政策与规划

在规划愿景和目标的基础上,针对每一目标提出相应的政策及策略,制定与开放空间总体数量水平与控制目标等相应的开放空间规划标准,对开放空间进行总体规划布局。可以包括公园绿地等开放空间布局、线性开放空间联系如绿道或游步道等的布局等。

8）实施策略

实施策略（implementation strategy）：通过比较供需差距，提出应对需求挑战和实现规划政策的具体实施策略，主要包括开放空间建设的资金来源、实施步骤、相关土地获取策略、规划监督与保障机制等多方面内容，进而对近期建设规划与公众参与等方面内容提出具体要求。

9）规划更新

规划更新可以理解为开放空间规划的修编，是在以往编制的开放空间规划基础上，对其中已不能正确反映城市或社区目前的特性、需求及发展目标的内容进行修编，以适应新的情况及趋势。例如马萨诸塞州开放空间与游憩规划要求（Open Space and Recreation Plan Requirements）推荐的需要进行修编的内容可供借鉴（表 11 - 1）。

表 11 - 1　开放空间规划需要修编的部分

章	节	必须修编的部分	可能修编的部分	没有变化无须修编的部分
行政摘要		V		
引言	规划目标	V		
	规划过程及公众参与	V		
背景分析	区域背景		V	
	发展历史			V
	人口特性	V		
	成长发展模式		V	
现状及分析	地质、土壤和地形			V
	景观特征		V	
	水资源		V	
	植被		V	
	渔业及野生动物		V	
	景观资源与独特环境		V	
	环境挑战		V	
保护与游憩用地	私人地块		V	

续表

章	节	必须修编的部分	可能修编的部分	没有变化无须修编的部分
	公有及非营利组织地块		V	
社区目标	过程描述	V		
	开放空间与游憩目标	V		
需求分析	资源保护需求	V		
	社区需求	V		
	需求管理、使用的潜在变化	V		
规划目标		V		
五年行动计划		V		
公众评议		V		
参考文献		V		

资料来源：Commonwealth of Massachusetts，Open Space and Recreation Plan Requirements

（4）开放空间规划控制标准

目前我国涉及开放空间的各项国家标准和地方规范对人均公共绿地面积、城市绿化覆盖率和城市绿地率等指标提出要求。例如《城市用地分类与规划建设用地标准》（GB 50137—2011）提出规划人均绿地面积不应小于 $10.0 \ m^2 /$ 人，其中人均公园绿地面积不应小于 $8.0 \ m^2 /$ 人。又如，《城市绿地分类标准》（GJJ/T 85—2002），主要通过绿地面积、人均绿地面积、绿地率、绿地占城市规划用地比例和绿化覆盖各指标来衡量城市绿地的空间特征。个别规范对绿地的空间布局提出一定要求，如《城市园林绿化评价标准》（GB/T 50563—2010）中有城市公共绿地均匀布局，服务半径达到 $500 \ m$（$1 \ 000 \ m^2$ 以上公共绿地）的要求。《国家园林城市标准》（建城［2010］125 号）中 8 大类 74 项指标中，公园绿地服务半径覆盖率（％）是其中唯一的格局分析指标。《宜居城市科学评价标准》中对人均 $2 \ m^2$ 以上绿地居住区比例、距离免费开放公园 $500 \ m$ 的居住区比例都提出了要求。但这些标准都散落在各相关标准或规定中，并没有系统地提出开放空间规划的控制标准。

在借鉴国际经验的基础上，根据相关标准及规定，各城市应结合开放空间水平的总体评价及发展目标，来确定城市开放空间总体数量及空间布局的控制标准。本书开放空间规划标准一章所选案例中定量标准的制定是建立在对各自所在地区和城市的深入研究与分析的基础上。不同城市和地区确定指标和标准的依据略有差别，但基本包括如下 8 个方面内容：人口现状及特征、开放空间供给状况、居民需求、用地可获性、人口增长趋势、地方旅游需求、公众对自然和开放空间保护的意愿或参考相关规范或其他城市的标准等。

我国开放空间规划可以有选择的采用分级标准、人口标准、用地标准、选址标准、设施配置标准、活动要求及其他要求等一级标准(图 11-2)。分级标准可包括从邻里到区域甚至更高级别的开放空间类型；人口标准可包括一般人均指标或千人指标，特别区域也可采用特殊人群千人指标等；用地标准可以包括总量标准、个体标准和比例标准三方面的内容，具体如开放空间用地比例、开放空间最小面积以及线性开放空间要求等二级指标；选址标准可以包括覆盖范围、可达

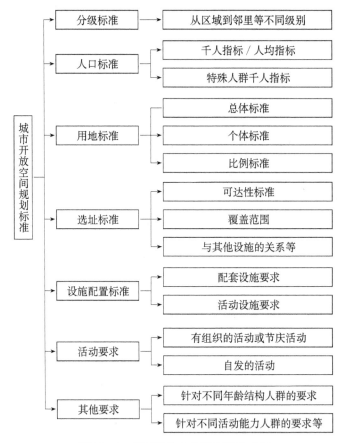

图 11-2 我国开放空间规划标准建议

性或与其他设施的关系等二级指标,此处的可达性可以采用考虑人口因素在内的可达性评价方法;设施配置标准可以包括配套设施要求和活动设施要求;活动要求包括有组织的活动及自发活动要求等。由于城市情况各异,各城市应结合自身特点对现有标准进行增减,并提出具体的二级标准或更为精细的次级控制标准。

(5) 标准选择误区

由于不同国家和地区现实情况存在一定差异,所以在基于国际经验的开放空间规划标准及选择过程要注意如下几个方面的问题。

首先,发达国家经历了开放空间发展的不同阶段,开放空间标准只是其中的一个阶段。20 世纪 80 年代以来,规划越来越转向社会性规划及自下而上的社区规划,减少了对物质规划中建设项目的关注,而更多增加了对社区日常需求的关注。在开放空间建设方面,按照规范和标准进行规划编制已经不是规划所重点关注的问题,而是更加关注社区和居民的需求和体验。因此,在很多开放空间规划尤其是社区层面的规划中并没有提出详细的开放空间规划标准和相应的指标,而是在满足基本指标的基础上,提出更多人性化的要求。当然,我国开放空间规划还处于起步阶段,规划标准的制定是其中的重要环节。但并不能囿于标准的制定而忽视了其他人性化和品质提升等方面的要求。尤其是对处于开放空间规划较高阶段的城市和区域,可以对开放空间提出规划标准之上的更高的要求。例如,可增加开放空间环境质量标准包括对空气、水和噪声等方面的要求或城市景观等方面的控制要求。更为重要的是可以增加反映社会文化活动等人性化的相关要求。

其次,开放空间等级体系是大都市区开放空间规划最恰当的方式。但开放空间等级划分及对不同等级开放空间标准的确定不能简单套用国际案例城市标准。由于所在国家或地区人口总量及土地利用强度等因素的差异,其开放空间不同等级所服务的人口规模相差较大。不同地区和城市多依据自身情况,选取其中若干等级形成自身开放空间等级体系。例如,某些国际案例城市社区开放空间一般服务于 15 000～25 000 人,邻里层面服务于 5 000 人左右。我国目前在居住区等级划分标准上仍缺乏统一认识,各城市之间存在较大差异,如南京市基层社区的规模略大于国际案例城市邻里的规模,居住社区略大于国际案例城市社区的规模;《杭州市城市规划公共服务设施基本配套规定2016》采用的街道—社区两级标准中,社区服务人口为 4500～7500 人。因此要结合我国所在城市人口规模与现行行政管理体系等具体确定开放空间等级及社区规模。

另外,根据地方特点对标准进行斟酌或增加其他指标或多项标准的相互校核具有重要的现实意义。如区域或城市等公园与开放空间可以依托自然资源而建,以保留城市大型自然斑块,重点发挥其生态效益。社区等级别的公园与开放空间则根据社区规模和需求等进行合理配置,注重按照合理的服务半径或可达性等均衡布局。在实际应用中,建议各项标准之间进行相互校核,可以避免采用单一标准可能造成的问题。例如,开放空间的拥挤程度与其可达性的高低并没有直接关系,而是与其大小与人口密度密切相关。低人口密度但具有较大面积开放空间的区域使用压力较小;人口密度较高、开放空间面积较小的区域往往存在一定的开放空间使用的拥挤问题(Sister et al.,2010)。因此,采用居住区到开放空间的距离标准与千人指标结合来进行测度,可以避免布局均衡但由于人口基数大而导致的开放空间拥挤问题。其次,人均标准或千人指标需要在开放空间概念界定的基础上,根据不同等级和人口基数进行校核。国际案例城市提出根据就业人口与居住人口,或日间人口与居住人口等不同人口基数进行人均指标的规定。例如,对于目前存在较严重职住平衡问题的区域,仅仅依靠居住人口来进行开放空间人均指标的规定,可能会在一定程度上造成工作日居住地开放空间实际使用不足等问题,或造成居住人口较少但却吸引大量观光或购物人群的区域内开放空间实际使用的拥挤等问题。

开放空间概念的界定在很大程度上也会影响开放空间人口标准和用地标准的制定。由于开放空间的界定目前并没有达成共识,因此不同国家和地区之间的开放空间概念存在一定差异。有些城市将公共公园、私人花园或运动场地等计入开放空间,有些城市则将所有的公园、保护区、儿童游乐场、运动场、河流或其他线性开放空间面积都计入开放空间面积。因此,开放空间是否包括私人及半公共花园、是否包括自然河流水体及保护区等都是在制定开放空间规划之前需要斟酌的问题,也是在规划中需要严格界定的概念。

11.4.2 控制性详细规划阶段开放空间规划控制

北美地方层面开放空间规划控制实际上根植于区划,即通过一定的技术性指标与图则达到对开放空间控制的目的。《中华人民共和国城乡规划法》将详细规划分为控制性详细规划和修建性详细规划。控制性详细规划（Regulatory Plan）是以城市总体规划或分区规划为依据，确定建设地区的土地使用性质、使用强度等控制指标，道路和工程管线控制性位置及空间环境控制的规划。控制性详细规划是城市规划管理的依据，同时指导修建性详细规划的编制。

本章建议在规划控制中增加开放空间这一专有概念，并在控制性详细规划阶段引入相关控制引导要求，用以指导开放空间的规划建设和管理，保证城市空间形态开发的整体性和有序性。

（1）规划目标

控制性详细规划的任务是深化总体规划的控制目标，并为规划管理和具体开发项目实施规划控制提供法定依据。在控制性详细规划阶段，开放空间规划控制的主要目标是开放空间品质的提升。应根据各地的具体情况，针对开放空间质量评价确定的各级指标，提出开放空间品质提升在自然环境、人工环境及行为环境等方面的目标。

（2）规划内容及表达方式

控制性详细规划的成果包括法定文件和技术文件两部分。法定文件包括文本和图则。图则一般确定各编制地区类型范围、用地边界、用地面积、用地性质、容积率、建筑高度、混合用地建筑量比例、配套设施、建筑控制线和贴现率、各类控制线等。技术文件是法定文件的基础性文件，为控规实施方案编制和审批、建设项目规划管理提供指导。技术文件包括基础资料汇编、说明书和编制文件；其中基础资料汇编包括现状基础资料和图纸，说明书包括规划说明和规划系统图。

现有控规缺乏与城市开放空间规划控制有关的内容。目前与开放空间相关的用地类型主要包括居住用地（R）、公共设施用地（C）、绿地（G）和道路广场用地（S）等几类，没有对开放空间用地进行单独划分。现有控规对单个地块建筑的控制引导容易造成其围合的空间成为单体建筑外部的剩余空间，无法保障公共开放空间的整体性与利用的有效性。控规指标主要包括规定性指标和引导性指标两类，规定性指标中仅有绿地率这一传统指标，对其他类型的开放空间并没有提出相应的控制要求。控规指标的缺失导致在地块层面难以对开放空间实施有效的规划控制。在总体规划及控制性详细规划对开放空间配置及指标控制缺乏的情况下，更多受市场导向的修建性详细规划也难以实现对开放空间的有效控制。

在控制性详细规划阶段应根据各地具体情况,提出开放空间控制的规定性与引导性指标,通过技术性指标与图则达到对开放空间控制的目的。控制性详细规划技术准则应对开放空间规划原则、编制深度及控制性详细规划强制性内容等提出具体的要求;控规则提出开放空间的组织原则、规划结构、布局及控制要求。开发控制可以借鉴其他城市如上海的做法,针对整个地区的开放空间提出普适性的控制引导要求,进行通则式控制,形成普适图则;对重点地区开放空间通过城市设计和专项研究,制定特别的附加规划控制要求,形成附加图则,明确其他控制要素和指标。普适图则和附加图则分别适用于不同的规划编制深度。

(3) 控规阶段开放空间指标

在控规中对独立占地的开放空间明确提出位置及范围要求、活动设施配置要求、沿路建筑高度、绿化布置要求、开放空间风格及景观要求等,并根据设计需要,对需要设贴现率的开放空间街道界面设计要求进行说明。非独立占地的开放空间指设在地块内部,通过建筑后退、容积率奖励等规划控制而实现的开放空间形式。当独立占地公共开放空间无法满足步行可达范围覆盖率要求时,增加非独立占地的开放空间是提高公共开放空间水平的有效手段。尤其是针对老城区面积大、建成度高,规划新增公共开放空间难度较大,有必要通过非独立占地公共开放空间的设置来改善整体水平。针对不同类型及容积率的开发地块,对非独立占地开放空间分别提出容积率奖励的方法,提出开放空间的控制要求。在《建设用地规划许可证》的行政许可工作中,对相关部门的规划技术研究环节增加公共开放空间承担责任等要求,并将对开放空间的控制要求纳入用地出让条件,用以指导开放空间的规划建设和管理。

11.4.3 编制主体与审批制度

《中华人民共和国城乡规划法》(2015年修正)对规划编制的主体及审批制度等进行了详细规定。国务院城乡规划主管部门会同国务院有关部门组织编制全国城镇体系规划,用于指导省域城镇体系规划、城市总体规划的编制。全国城镇体系规划由国务院城乡规划主管部门报国务院审批。省、自治区人民政府组织编制省域城镇体系规划,报国务院审批。城市人民政府组织编制城市总体规划。直辖市的城市总体规划由直辖市人民政府报国务院审批。省、自治区人民政府所在地的城市及国务院确定的城市的总体规划,由省、自治区人民政府审查同意后,报国务院审批。其他城市的总体规划,由城市人民政府报省、自治区人民政府审批。县人民政府组织编制县人民政府所在地镇的总体规划,报上一级人民政府审批。其他镇的总体规划由镇人民政府组织编制,报上一级人民政府审批。省、自治区人民政府组织编制的省域城镇体系规划,城市、县人民政府组织编制的总体规划,在报上一级人民政府审批前,应当先经本级人民代表大会常务委员会审议,常务委员会组成人员的审议意见交由本级人民政府研究处理。镇人民政府组织编制的镇总体规划,在报上一级人民政府审批前,应当先经镇人民代表大会审议,代表的审议意见交由本级人民政府研究处理。规划的组织编制机关报送审批省域城镇体系规划、城市总体规划或者镇总体规划,应当将本级人民代表大会常务委员会组成人员或者镇人民代表大会代表的审议意见和根据审议意见修改规划的情况一并报送。

由于还未形成开放空间规划体系,我国目前几个城市制定的开放空间规划也非法定的专项规划,并不具有完善的审批制度。大多由城市规划主管部门进行编制,由城市政府组织专家进行评审,无须报上级主管部门审批。与我国现状相比,北美开放空间规划编制主体一般是省市两级政府及其规划相关部门或其他准政府组织或非政府组织。按法律制定的地方规划和经批准的开放空间规划具有法律效力,州省政府或其规划委员会对其行使审批权,区划则由地方立法机构审批。借鉴北美经验并结合我国国情,建议我国城市开放空间规划由城市人民政府及其规划主管部门组织编制,由本级人民政府审批,并报上一级人民政府备案。

11.5　完善开放空间公共财政与管理体系

11.5.1　开放空间财政

(1) 公共物品

城市开放空间供给可以从经济学的范畴来讨论。公共物品指可以供社会成员共同使用或消费的物品,严格意义的公共物品具有非竞争性和非排他性特征。非竞争性指某人对公共物品的消费不会影响他人同时消费该产品及其从中获得效用,即在特定生产水平下,为新增消费者提供这一物品的边际成本为零。非排他性指某人在消费一种公共物品时,不能排除他人消费这一物品,或排除成本很高。具有完全的非竞争性和非排他性的公共物品称为纯公共物品;具有有限的非竞争性和局部的排他性的公共物品成为准公共物品。

使用和消费局限在一定地域范围内的公共物品称为地方公共物品。多数城市物品和全部公共空间都是地方性公共物品。城市开放空间也属于地方公共物品(Choumert et al.,2008)。作为地方公共物品的城市开放空间是一种公共消费的产品,其拥挤程度、影响价值属性的可分离性及所有权三者之间的相互关系对其稳定性、质量和可持续性有重要影响(Chris,2008)。

公共物品一般不能或不能有效通过市场机制由企业和个人来提供,而主要由政府来提供。开放空间是市场失效的一个较为典型的例子,即市场并不能总是按照社会福利最大化的方式配置资源,存在所谓的"搭便车"(free rider)现象,导致类似哈丁所说的城市"公地悲剧"(Hardin,1968)。因此,在公共设施选址当中,效率并不总是导致公平的分配(Sister et al.,2010)。经典选址理论是基于最优化私人选址的效率标准,Teitz(1968)提出不同于传统选址理论的公共设施选址理论:① 在追逐利益的市场目标缺失的情况下,公共设施选址是由政府福利标准驱动的;② 同时受到政府资源配置的制约。开放空间的物质供给及资金来源等都需要政府提供必要的支持,以保障公众及特定人群享受到开放空间的益处。

(2) 资金保障

由于并不存在专门的开放空间规划概念,我国开放空间的供给主体分散在不同部门,供给客体主要是公园绿地或道路广场等。公园绿地的建设资金主要来源于中央和地方各级政府的财政资金、社会支持及经营性收入等三个方面。

对于公共开发的城市公园绿地,目前城市建设资金主要依赖公共财政支出,通过政府文件决定各项支出占公共财政支出年度计划的比例。绿化资金是城市开放空间公共财政支出的重要组成部分,多以政府投入为主。由于类型和级别等的差异,公园绿化等资金投入存在一定区别。如珠三角绿道网的建设依靠政府财政直接投资,并建立相应的财政支持政策。又如,作为开放空间重要组成部分的国家公园多采取属地管理和部门管理相结合的方式,由地方政府及不同主管部门(如住房与城乡建设部、农业部、环保局、林业局、水利部或国土资源部等)共同管理。这种管理模式容易造成条块分割、各自为政的局面。除了中央财政划拨对国家公园的资金投入,部分学者总结了以政府投资为引导、社会投资为主体、外资作为重要组成部分的国家公园投资局面。但在实际操作中,国家公园的资金来源主要依赖于地方政府的财政资金和公园的旅游门票收入(刘琼,2013)。我国许多城市对公园或风景区等施行免费开放,如杭州西湖风景区和南京玄武湖景区分别于 2002 年和 2010 年施行免费开放,则地方政府的财政资金就成为主要的资金来源。

我国公共服务由中央政府,省、自治区和直辖市政府,设区的市和自治州政府,县、自治县、不设区的市和市辖区政府,乡、民族乡和镇政府等在内的地方政府共同提供。不同级别政府部门提供的公共服务存在一定差异。与北美相比,我国政府对于经济建设的支出比例高于北美,但对于公共事业和社会服务等方面的支出低于北美。在我国制定公共财政支出政策或计划时,应确保相当比重的资金用于公共事业和社会服务,同时完善资金运作的监督机制。开放空间建设管理经费应直接纳入政府财政预算,或先从与开放空间规划建设相关管理部门(如交通、水利、环保等部门)的专项资金中提取一定比例,待开放空间规划和管理体系逐渐理顺完善后,逐渐并入开放空间相关部门的专项资金。

长期以来,我国不同类型城市开放空间的供给多是以政府为中心的单一供给模式,其建设和维护费用都由政府财政预算支出。政府开发模式符合开放空间公共性的要求,但由于开放空间的开发建设投入大、收益小,因此地方政府缺乏足够的投资驱动力,导致开放空间供给在质和量两方面无法满足居民需求;同时由于开放空间的投资、建设、管理和运营分属不同的政府部门,存在条块分割的问题,导致责权利不明、效率低下等弊端(张庭伟等,2010)。随着城市化进程的发展,以政府为主导的单一模式逐渐受到质疑,而以市场为主的开发模式因其实现形式的高效和灵活性而受到地方政府的欢迎。

虽然存在对开发商能为社会提供公共绿地和公共开放空间等给予一定的容积率奖励的措施,但在开放空间规划管理的过程中,缺乏运用多种经济手段调节各种经济利益关系的尝试。因此,对于非公共开发的城市开放空间,可以通过多种方式鼓励社会资金参与到城市开放空间的开发建设中。政府与企业合作开发的模式建立在供给者与生产者相分离的基础上。近年来,为了解决资金不足等问题,该模式逐渐广泛应用于城市建设尤其是旧城改造过程。通过给予企业一定的优惠奖励或税收减免,企业在开发过程中提供一定数量的公共空间,其产权归政府所有(吴李艳等,2007)。在企业进行开发的模式下,开发商取得土地使用权和开发许可后,在该地块上投资建设公共空间或附属空间,并允许居民无偿使用。具体可以采取多种方式,如通过容积率奖励等激励机制,引导房地产开发项目提供附属于开发地块的开放空间;通过多种形式的激励政策,如附带一定量的空间开发权,引导私人开发商直接进行开放空间建设;规定开发商必须提供一定比例的开发费用用于开放空间的建设,其中一部分直接用于开发地块内部的开放空间建设,另一部分可以放入公共基金用以支持整个地区的开放空间建设等。

除了公共财政及企业提供开放空间资金保障外,公园与开放空间的养护等费用可以来源于使用者对其附属功能的有偿使用带来的收益,在一定程度上实现开放空间的经济收支平衡。

11.5.2　开放空间管理运作与实施

公共开放空间系统规划关注的核心是城市公共空间环境的品质,并且通过管理来干预城市空间的塑造问题,因此,公共开放空间规划融入了各类与城市空间管理相关的公共事务,其中最为核心是城市规划管理。我国的规划管理多侧重于对"一书两证"的管理,缺乏对促进开放空间实施、管理维护、活动组织和公众参与等城市规划的相关规定。

城市开放空间在物质因素方面存在的问题,是表象方面的问题,似乎可以通过物质空间规划的手段予以改善。但事实上,这些问题的产生和存在有其深层次的原因,如缺乏与现代社会相适应的城市发展政策机制和管理机制,僵化的规划编制体系,没有理顺城市和社区发展各利益主体的责权利关系等。开放空间管理机制有几个任务:一是开放空间规划实施,包括实施阶段对物质空间的获取及实施后期对于规划实施进度的跟踪等;二是开放空间管理维护,包括对空间硬件设施与绿化等的日常维护;三是长效监督机制保障,通过培育居民的参与意识,在开放空间规划前鼓励居民提出意见和需要,在空间运行管理时,让群众参与到空间监督管理的队伍中。

(1)规划实施

在具体实施阶段,通过多种方式新建、扩建和改建现有开放空间,以达到有利于规划实施和建设的目的。如通过获得更多的土地,或充分合理地

利用各种类型用地以增加和扩建各种开放空间,或对现有开放空间进行调
整和改造,以容纳额外的或其他不同的用途,或通过技术和设计的方法改善
开放空间等。包括但并不局限于如下可选择的方式:① 通过战略性的土地
征用获取开放空间,改善开放空间布局及增强其联系。② 将废弃或不用的
土地,尤其是水道或滨水区域转变成公园或绿带等,洛杉矶将废弃土地转变
成河流区域的做法值得借鉴。③ 寻找新的开放空间机会,将未充分利用的
用地和设施,如铁路线、背街小巷、城市道路、废弃的交通或设施走廊等转变
成适宜步行或骑车等的正式或非正式的娱乐活动或可供社会交往的绿色基
础设施(Wolch et al.,2014)。例如,20 世纪 50 年代建筑师 Victor Grune 提
出的可步行的街道概念使步行化成为开放空间改造的有效方法之一。步行
化不需要政府投入大量的资金用于土地获取和基础设施建设等,其管理和
维护可以由政府也可由周边业主承担。④ 运用设计的方法提升开放空间潜
力,通过对现有场地进行重新设计以创造新的开放空间,例如,对现有开放
空间进行转换和调整,将未得到充分利用的开放空间和小块区域改造成小
型活动场地或儿童游乐场等。⑤ 通过引进新的合作伙伴提高开放空间的使
用效率,如在有条件的情况下与商业设施、教育机构、持牌体育俱乐部或房
地产开发商合作,在特定的时间和地点开放其所拥有的开放空间或设施,以
确保设施和场地的充分使用,促成现有开放空间多元和共享的使用。⑥ 创
造性的方法可以获得用传统的方式所不能实现的新的开放空间类型,如将
停车场改造为开放空间,建造屋顶花园,或利用垃圾填埋场进行开放空间的
建设等。美国圣弗朗西斯科市 1940 年的联合广场(Union Square)、匹兹堡
1948 年的梅陇广场(Mellon Square)、洛杉矶 1951 年的珀欣公园(Pershing
Park)等将底下停车场的地上部分用于公共公园和广场建设的做法值得借
鉴(任晋锋,2003)。⑦ 改善现有开放空间的可达性,如去掉场地周围的篱
笆或障碍物以鼓励更加广泛充分的利用,改善社区的交通选择,或支持和鼓
励体育团体去探索不同的供给模式。⑧ 新技术及更优化的设计能够克服空
间和时间的缺陷,通过新技术、新材料及设施升级解决已有问题,容纳更多
的活动和使用者,或利用建筑材料特性,以减少使用的不利情况。⑨ 管理方
法的改进,如通过安装照明延长可活动的时间,通过遮蔽设施最大化适应气
候变化等。实践中可以参考以上策略并结合各地的实际情况,制定具体的
规划实施策略。

在规划实施后期，即在开放空间规划实施一定时间，通过制定规划实施进度报告，对最初制定的规划以及上一次进度报告以后的规划目标、规划策略等是否完成以及完成程度等进行汇报跟踪。

（2）管理维护

随着时间流逝，空间设施和景观都会慢慢老化陈旧，空间吸引力下降或使用出现新的问题等。因此需要建立开放空间管理维护与质量监督机制。开放空间养护管理可采用市区两级财政负责的原则。使用财政性资金建设的公园、绿地、广场等独立占地的开放空间，由城区绿化行政主管部门或其委托的单位负责养护管理，或由成立的开放空间管理部门负责；非独立占地的公共开放空间，由所属单位负责养护管理；已实行物业管理的居住区内的开放空间，由业主负责养护管理或由其委托的物业服务企业按照约定实施养护管理。建议在区绿化管理部门基础上成立公共开放空间质量检查小组，定期对区内的公共开放空间质量进行评定。除此之外，空间的维护及使用管理的加强还需要居民意识的培养，通过宣传教育居民爱护公共空间设施，并鼓励群众参与到空间使用管理的队伍中。

（3）长效监督机制

政府是公共服务的主要供给者，其决策是基于社会利益和社会成本的考虑。但政府同时也是追逐利益的市场参与者，在缺乏公众监督的情况下，很容易代表政府的利益，而非城市的公共利益。因此，公众参与是使不同人群就利益诉求和责任分担等达成共识的重要方式和手段。健全基于公众参与的开放空间规划监督管理机制也是开放空间规划过程不可缺少的环节。通过各种正式和非正式的形式，吸纳不同人群参与开放空间规划制定、审批和实施的全过程，使开放空间规划建设接受全方位的监督。

公众参与最早起源于美国。当时市民为争取更好的城市服务和设施，出现了"公众参与"浪潮。在物质形态建设规划阶段，公众参与仅限于对公众意见的了解，采纳后对规划加以修改。随着城市规划由宏观转向微观，由物质空间规划向社会发展规划转变，20 世纪 60 年代戴维多夫（Paul Davidoff）在《倡导规划与多元社会》（Advocacy and Urslism in Planning）中提出了倡导性规划（advocacy planning）。他认为在多元化的社会，规划并非服务于明确的公众利益，而是服务于不同的社会团体；规划师也要明确他们究竟是为哪一个利益团体服务的。1969 年，美国的谢莉·安斯汀（Sherry

Amstein)发表了《公众参与的阶梯理论》(A ladder of citizen participation),将公众参与归纳为三种类型八个等级:① 无公众参与,包括操控、引导;② 象征性参与,包括告知、咨询、安抚;③ 市民权利,包括合作关系、代理权利、市民控制。此后,公众的参与权、知情权和决策权等得到法律的保护,并逐步提升到制度与立法的高度,规定在规划过程中需要有公众参与,未经过公众讨论、反馈的规划得不到上级主管部门的审批,遭到公众反对的规划必须作出相应的修改。城市发展也不仅是物质建设和经济发展,更重要的是公众参与政策的制定和实施。

开放空间规划的公众参与不仅体现在开放空间规划编制的各个阶段,还贯穿规划的审批和实施阶段;公众参与也体现在开放空间后期管理的各个方面。有学者将美国城市开放空间的公众参与总结为开发、设计和管理等方面(黄赛等,2014)。例如,在设计阶段,通过调查访谈等了解民众对公园等开放空间的安全性及便捷程度等的需求,从而在设计阶段对出入口、可达性及开放性等进行优化设计。

我国公众参与研究始于 20 世纪 80 年代初期,国内学者主要对西方发达国家公众参与制度的发展历程、理论和实践案例进行介绍。20 世纪 90 年代中后期公众参与的研究得到迅速发展,以公众参与理论及其实践介绍为主,部分学者开始关注我国城市规划公众参与的发展现状和面临困境,并提出促进公众参与的政策和制度建议。进入 21 世纪,伴随全球化和城市化的进程,公众参与得到了更为广泛的研究,对公众参与的实践、技术方法等的研究大量出现。2008 年,新的城乡规划法出台,规定公众可以在规划的制定、实施和修改过程中发表意见,是我国第一部将公众参与规划的程序予以制度化的法律,为公众参与的发展提供了很好的制度保障。国内学者对公众参与的研究也逐步由早期的理论综述等向制度、体制改革、参与形式、技术方法等扩展。

目前我国相关法律对公众参与程序并没有严格界定。在实践中,主要采用的做法是在规划前期,通过公告、现场调查、民意调查等方式,向公众提供规划信息,对公众进行必要的访谈和问卷调查等,以了解居民的需求和意愿;在规划制定过程中,根据调研访谈和基础资料分析,提出多套备选规划方案,通过座谈和讨论会等形式,使公众参与阶段性成果讨论会、意见咨询会,保障居民及时参与反馈和了解规划的过程,并对规划目标、方案和策略等提出意见;

经过公众参与多方案的讨论和协商,充分协调各方意见并对方案进行修改和完善形成完整的综合方案;规划后期通过公示、参与评审讨论会、听证等,向公众展示方案,并听取意见;在规划实施阶段,及时向市民通报项目建设标准及实施情况,提供畅通的上诉及纠纷处理渠道,引导和鼓励居民对规划的实施进行监督和反馈。在公众参与的各个阶段,规划人员要将专业性的内容与公众沟通,并将居民的构思和想法具体化、视觉化。相比国外"自下而上"的规划手段,我国开放空间建设缺乏规划建设前期调研工作,一般采用招投标方式委托规划设计机构提交设计方案,经专家和领导评议后决定,方案成型再向居民公示,处于象征性参与的阶段。

公众参与可以通过书面提交意见、公众质询、听证会、意见箱、邮件、电话、网络等多样化的方式进行。具体形式如公众听证会、社区论坛、投票、大型公众会议、小型团体会议、大众媒体、专家会议、调研与问卷调查、访谈等。公众参与的主体可以包括专业技术人员、公众及社区代表、社会弱势群体、政府机构及官员等。随着信息和计算机技术的发展,公众参与式地理信息系统(PPGIS)在 1998 年 10 月美国加州圣塔芭芭拉召开的国际会议上提出。PPGIS 提供了更加友好、交互、透明和更加民主化的决策过程,为公众参与公共事务搭建了开放式的平台。

公众参与促使科学有效的开放空间规划的诞生,它引导开放空间规划朝着良好有序方向发展,同时公众参与也为规划的制定提供真实的依据,使得规划的可操作性极大增强。居民亲自见证和参与开放空间的建设发展,保证了规划的有效实施。作为开放空间规划的重要组成部分,公众参与应贯穿规划始终。不同的规划阶段,面对不同问题,参与程度层次各异,深浅有度,体现了参与的全过程性。虽然规划兼具技术和生活,但是制定本身具有较强的技术性,所以公众参与的重心设计在规划的前期调研阶段,这一阶段主要涉及问卷调查、访谈、社区空间调研、社区公众会议等形式;规划过程中后期,多以征询意见、开展规划知识普及、公示为主体。通过居民对社区生活公众参与的引导,详细了解居民的实际要求,在开放空间的规划、建设和管理过程中,平衡不同居民的需求,满足居民参与活动的需要。

规划中应该对公众参与的意见是否作出采纳等向公众说明并公示,并明确规定公众参与意见处理的主体或法定组织。公众参与是一个动态循环的过程,需要贯穿规划的始终,并形成反馈机制,使公众参与的有效性得到

保障。规划完成之后,公众参与监督实施与反馈,更需要全面而长期的
参与。

11.6　小结

开放空间的形成以自上而下为主,因此,开放空间规划控制的政策法规
及规划等是保障城市开放空间基本品质的重要依据。我国法律或法规对开
放空间这一概念并未做出明确规定,也并没有建立完善的开放空间规划体
系,开放空间各组成部分的管理部门及权限分散,缺乏统一有效的规划
协调。

在总结借鉴国际经验及国内实证研究的基础上,本书提出我国应建立
多层次协调的开放空间政策法规体系,确立开放空间保护与游憩功能并举
的规划控制目标,采用定性与定量相结合的规划方法,构建系统性的开放空
间规划编制体系,以及完善开放空间公共财政与管理体系等相关建议。

对于开放空间保护以及满足居民游憩需求而言,开放空间规划与控制是必
要的,但却不是充分的。技术上优秀的方案并不一定能保证规划的有效实施及
长期目标的实现,需同时兼顾其他诸多因素,如规划管理者与其他部门长期有
效的协作,公众在规划实施与管理过程中的长期有效的参与,针对规划管理者
的规划知识更新,以及规划监督等的相应技术手段等(Gebhardt,2010)。

第12章

公平公正的开放空间
规划体系建构

社会公平公正是人类社会永恒的追求和行为准则。随着城市建设的发展,城市中不平等问题日渐显现。不平等表现在某些方面(如生活方式上)是选择问题,而表现在生活状况或社会福利等方面则并非选择问题而可能涉及社会公平与公正问题。公平性指一种状况或分布的公平与正义,通常用于公共服务或公共资源分配公平公正与否的判断。关注"谁得到什么"或"谁应该得到什么"。公共服务或资源的公平不是指算数意义上的绝对相等,而是附加其他条件之后的相对平等,可以概括为基于公平(equality)、需要(compensatory or need)、需求(demand)和市场(market)四种类型(Nicholls,2001)。

如何合理规划城市公共服务设施是城市规划中社会公平与公正的重要议题之一。通过提供独立于特定团体和特征的服务,开放空间在很大程度上是城市规划社会公平的反映;为社会弱势群体提供多元的、基于生活状况等的空间认同及补偿则是开放空间规划社会公正的体现。案例开放空间规划的总结分析发现多数规划旨在为不同收入、不同阶层和不同年龄的居民提供安全、有活力的生活家园;让各个年龄段的居民都介入规划,对开放空间规划过程进行参与。

早在20世纪末,我国规划研究领域就开始了人本主义的呼唤,规划视角也开始从物质空间向社会空间拓展。随着全球经济的重构、人口多样性的增加以及住房体制的改革等,我国城市社区空间结构正经历着前所未有的重构与演变过程。与人口异质性增加及城市社区分异相伴而行的是一系列城市问题及社会公平等问题,尤其是在老旧社区和弱势群体中。社区空间分异在一定程度上剥夺了低收入人群享有社区资源和服务的空间机会,或增加了他们享有这些机会的成本。因此,对社区分异视域下开放空间规划公平与公正地探讨成为构建人本主义城市空间的基础课题,也是解决城市阶层化生活空间的区位冲突、空间隔离等相关社会问题的理论工具。

日益凸显的社区分层与需求分化使原本在质和量上就欠缺的开放空间无法适应特定人群及社区的需求。以杭州为例进行的实证研究发现,中心城区开放空间可达性与公平性总体上有较大的提高,但街道层面开放空间可达性的空间差异仍然存在,且存在未来出现开放空间可达性社会经济差异的可能性。而在社区层面,开放空间可达性及公平性存在一定程度的空间差异及社会经济差异。诸多其他相关研究也证明我国城市开放空间存在一定程度的社会经济差异或空间差异。

　　针对可能存在的人群与社区分异,国际案例城市相关规划并没有提出专门的量化规定。而是更多通过定性的方式,在通则性开放空间规划基础上,通过物质空间规划、社会服务或文化活动等多种方式实现开放空间规划的公平与公正。因此,建设公平公正的开放空间规划控制体系不仅需要依靠物质空间规划,更要依赖相应的社会文化和社会服务战略支持,以有效发挥公共服务部门职责、保证城市开放空间功能的实现。

　　本章以关注社会公平公正下开放空间规划为基础,以人本发展观和价值取向为依托,探索多目标利益集合下不同类型人群或社区对开放空间的个性化需求,提出社区分异视域下开放空间利用与规划控制的实现方式(图12-1):① 规划控制,探讨社区分异视域下开放空间规划配置方法,提出开放空间规划控制原理;② 资金保障,提出作为公共物品的开放空间资金可获性原理;③ 物质环境,总结开放空间影响因素,包括物质空间与环境构成等要素,提出开放空间物质环境构成原理;④ 社会服务,建立开放空间运作管理组织对策与保障手段,通过提供社会服务与文化活动等方式,提出开放空间社会服务组织原理。以上构成原理可作为开放空间规划控制体系的有益补充,并为开放空间规划实践提供借鉴。

图12-1　公平性开放空间实现方式

12.1　规划控制

　　社区分异视域下开放空间规划控制可根据社区或空间等类型制定差异化的控制标准,同时强调开放空间的分散化均衡布局,以实现开放空间的社会公平。

12.1.1　差异化标准

　　社区分异视域下开放空间规划配置方法和标准不同于普遍采用的国家或城市标准。社区开放空间规划控制首先需要对社区社会经济等指标进行分析,利用统计分析等手段,按照一定标准构建社区分异类型。常用的做法是将社区社会经济等变量分别归属于若干大类,应用聚类分析等手段,将现有的社区分成合理化的若干类型。根据各个变量的相对重要性及每个簇群标准化的均值,对不同类型的社区进行命名。

其次,通过文献检索、现场勘查、问卷调查和社区走访等形式发现社区开放空间存在的问题,对社区开放空间的使用现状和居民满意度等进行深入研究。开放空间需求包括多方面内容,其中使用者需求对以游憩为主要功能的开放空间规划的影响较大。使用者需求分析主要通过现场调研和访谈等多种形式,了解居民对开放空间的要求和期望,主要包括在咨询阶段了解主要利益集团的需求和需要;对开放空间居民、游客、学生或附近的就业人员等开放空间使用者的需求进行记录、访问和观察,了解他们对开放空间类型和功能的需求及看法;对社区开放空间而言,重点要了解老年人、残疾人、儿童和青少年等的空间使用和需求。在此基础上,进一步分析包括社区居民使用习惯特征等在内的居民需求与开放空间供给规模与质量的关系,从中寻找出不同类型社区居民对社区开放空间的多元及个性化的需求,建立两者之间的关联规律性。

开放空间布局是一个多目标优化的问题,在综合考虑可达性、千人指标和最小面积等指标的同时,满足弱势群体聚居区的各项标准不低于城市平均标准,达到社会公平的底线;在可能的情况下,根据不同社区类型及不同人群个性化的需求,提出差异化的开放空间规划原则和规划控制标准,向弱势群体倾斜,以达到社会公正的目标。如果在研究的基础上,某些标准对社区分异类型等不敏感,则可以制定通则化的开放空间规划控制标准。最低标准的满足或差异化标准的制定可根据但不局限于如下几方面:

(1) 不同类型社区。在人口基数较大、密度较高的社区或区域,即使可达性满足要求,也会出现开放空间使用强度过高、承载力不足等问题。因此,需要对开放空间最小面积或可达性按照千人指标进行进一步校核。美国加州综合户外游憩规划对每个人口普查区的千人指标都分别进行校核的做法值得借鉴。其使得所有社区或街道等都满足千人指标的要求,保证了开放空间供给的空间公平;避免了由于开放空间分布不均可能出现的一系列问题,如个别区域少数大型开放空间的存在导致全市千人指标达标,而多数地区尤其是老旧社区或低收入人群聚居区开放空间仍然不足。在满足所有社区都达到最低要求的基础上,考虑不同类型社区的特定需求,制定相应的规划要求,以向弱势群体社区倾斜。

(2) 不同类型人群。众多研究表明,决定居民使用开放空间最重要的因素是距离,尤其是离家远近的步行距离。开放空间要满足多样性人口需求,不论年龄、能力、收入或文化背景,这对儿童和老年人尤为重要。正如 Burton(1976)所述,标准的制定应考虑社区居民的年龄、性别、社会经济地位和居住密度等,但所有上面提到的社会人口变量中,年龄结构是在社区具体标准的制定方面最为重要的因素。因此,开放空间的位置应在使用者及潜在使用者易于接近的位置,在对所有居民提供均等的可达的基础上,适当降低老年人或儿童等特殊群体的开放空间可达性标准,提高覆盖范围标准或提出差异化的静态动态活动空间比例等。

(3) 不同类型开放空间。对社区最为普遍使用的开放空间,如公园、儿童游乐场或老人活动空间等,分别提出差异化的控制要求。如由于儿童的出行能力限制,儿童游乐场的可达性标准应适当低于其他类型开放空间的可达性。美国圣弗朗西斯科对老人和儿童设施分别提出不同的可达性标准的做法值得借鉴。

(4) 不同时空。除考虑特定时间和空间的规划控制外,还需要考虑众多变化的因素。如人口向城市集中造成一个严重的问题就是开放空间使用的时间不规律性和使用峰值的存在。不同类型、区位和规模的开放空间存在每日不同时间的峰值、每周不同日的峰值或每年季节性峰值,这些都造成了开放空间在某些峰值期的拥挤和在非峰值期的无效使用。而不同的峰值伴随着不同类型的使用群体,更增加了城市公共开放空间规划和管理的难度和复杂性,需要在规划中予以考虑。

12.1.2 分散化布局

开放空间使得多数居民受益,但城市开放空间尤其是绿色空间策略可能存在相互矛盾的结果。虽然开放空间的建设使得现有老旧或典型的低收入或工业区域更加富有活力或吸引力,从某些城市居民或商人的视角看似成功的开放空间,可能最终会导致某些最需要这些空间的人群被排除在外。

城市绿色计划可能诱发多伦绅士化过程,明显改变住房机会及支持低收入社区的基础设施。这种悖论效果可称之为生态绅士化、绿色绅士化、环境绅士化等。这种动态并不是新的、也不是西方城市独特的现象,过去许多重要的公园(如纽约中央公园)的建设也导致了土地价格上涨等问题,这些问题在当今中国或其他亚洲国家也日渐凸显。

因此，虽然新建绿色空间通过解决环境公正问题使得城市更加健康并富有吸引力，但这同时提高了住房成本及物业价值，最终导致绅士化及希望通过绿色空间建设受益的原住民被替代。解决绿色空间悖论的方法很多，如可以采取"just green enough"的策略，建设适应社区需求的、小规模分散化的，而非大规模集中的城市绿色空间(Curran et al.，2012)。另外，城市的建设者和管理者应动员社会各界的参与，听取和尊重居民意见，引导居民的直接参加与管理，集思广益，以提高开放空间规划与建设的科学性和合理性。

12.2　资金保障

城市开放空间建设资金是城市开放空间数量和品质提升、公共活动及设施供给和满足社会公平的重要条件。北美公园与开放空间设计多较为朴实，接近自然，以功能性为主，不追求奢华的灯光照明、昂贵的雕塑或名贵的花木以及不必要的设施和景观，多以满足功能和提供市民活动为主。用最少的投资获得最大的效益已经成为美国公园建设的共识(骆天庆，2013)。其次，城市财政不应仅仅是针对物质空间建设的资金，更重要的是对文化活动和社会服务的财政支持，以保证更多的资金用于有意义的设施和活动。

由于开放空间存在一定的社会不公平性，所以在某些国家和地区存在针对特定类型人群的开放空间财政计划。例如，1996 年美国洛杉矶通过 Proposition K(Prop K)计划以增加城市公园和娱乐空间。Prop K 每年将2 500万美元的资金用于城市公园和娱乐设施的获取、提高、建设和维护。其主要目的是解决城市年轻人公园和娱乐活动中心的缺乏和不足等问题，以及现有对公园、娱乐、幼儿园和社区设施不能满足需求的问题。部分资金按照条款发放，但多数采用竞争的方法，让社区组织、城市代理机构和其他公共实体竞争获得。Prop K 通过房产税评估，30 年每年投资2 500万美元。Prop K 总共投资近 3 亿美元于 183 个指定项目，其中近一半用于满足政府实体、社区组织、城市部门等的竞争项目。除了 Prop K，其他基金如 Healthy Alternatives to Smoking Trust Fund 也提供资金给符合条件的人口普查地块，要得到该基金的资助，人口普查地块需要满足一定的条件，如有至少 26% 的人口年龄在 18 岁以下，至少 36% 的年轻人处于贫穷状态，低于平均公园面积标准，且不与任何主要的公园或国家森林用地相邻(Wolch et al. ，2005)。

我国某些城市的开放空间存在一定程度的社会不公平性,因此,特定城市或区域可根据社区居民社会经济差异、开放空间类型及人群特性等制定有针对性的开放空间财政计划。开放空间建设资金偏好应在保证开放空间数量与质量的同时,满足公众活动的组织及特定类型人群或社区开放空间规划和建设的资金需求。如针对社会经济差异,一般高收入社区可以采用会所或俱乐部等方式为其居民提供活动设施及场地,而对于中低收入的社区则需要公共投资为其提供免费或低收费的公共活动场所及活动。如针对特定开放空间类型,一定比例的开放空间资金可用于特定类型社区的公园和娱乐设施的建设维护,或用于特定类型的节庆活动或日常活动的组织。如针对不同人群特性,目前中国城市化面临的最大问题之一是人口老龄化发展趋势,对城市政府也提出了重大挑战。随着老龄化及老年人闲暇时间的增多,户外游憩运动等成为老年人生活不可或缺的组成部分。适合老龄人口使用的开放空间需满足一定的条件才能使老年人享受到户外活动的益处。然而,目前我国老年人居住地户外开放空间缺乏的问题缺较为严重,城市开放空间的可获得性和资源享有的平等性无法满足老龄人口的需求。因此,一定比例的资金用于适老开放空间的建设就显得尤为重要。在此基础上,城市或社区组织多样的老年活动等是提高养老生活品质、倡导以人为本规划、实现社会人文关怀的重要途径之一。在有条件的情况下,可以按照一定标准划拨资金或采用竞争的方法,用于特定人群的开放空间建设或用于活动等的组织。接收资金的区域需要满足一定的人口或经济条件,针对特定类型的社区制定差异化的资金供给政策等,以保障开放空间规划和建设满足特定类型人群或社区的需求。

12.3　物质环境

开放空间内的各种活动依赖于空间的设计和质量,当公共开放空间的质量不理想时只发生必要性活动,当得到提高时自发性活动会随之发生,与此同时社会性活动也会稳定增长。因此通过规划设计提供良好的物质环境条件,通过改造纯观赏性实际功能较差的开放空间,通过功能复合及满足特定类型人群开放空间的营造等方式,为居民提供多样活动的可能性,激发居民活动需求,满足不同类型人群和社区的需求。

12.3.1　规划设计

需求的差异性对开放空间规划设计提出了不同要求。在空间设计中,如何解决开放空间反映不同居民对公共活动的诉求问题,就需要针对不同类型人群合理布局开放空间及建立联系网络,并对其物质与环境构成提出相应要求。① 一般而言,老人的活动能力有限,有限的活动能力更增加了老人的孤独感。因此,老年人多喜欢住在城市中心或接近各种活动和服务以及交通便利的地方。老年人需要强烈的归属感、较高的可达性和方便的无障碍设计,他们对开放空间社会属性的要求会大于物质空间属性,如许多老人热衷于参加舞蹈合唱等以增加交流的机会,活动空间只是作为一种物质载体。因此,开放空间设计要能满足各种社区及老年人开展自发活动的要求。② 青年人生活节奏快,热衷运动锻炼等,他们需要可达性较强和相对专业化的运动型开放空间。因此,此类开放空间设计要能满足青少年运动需求,提供相应的活动设施和场地。③ 中年人忙于工作与家庭,对开放空间的使用多集中于休闲放松和家庭活动等,对开放空间舒适度有较高要求,对体育设施也有一定要求。因此,此类开放空间设计要注重提供家庭活动区域和设施,如野餐区和座椅等。④ 公共空间尤其是户外开放空间对儿童的生理和心理发展乃至成长具有重要影响。相比其他类型的人群,距离与安全因素是影响儿童使用开放空间的关键因素。儿童需要安全、有趣的游戏空间,此类开放空间要有充足的日照、安全的场地及适合儿童的活动设施等,并接近居住地。规划设计在考虑以上人群需求的同时,要意识到其他人群(如低收入人群或其他社会弱势群体)的需求,并要考虑残疾人的需求,为他们提供帮助和服务。对于社区整体来说,特定类型人群集聚社区的开放空间设计要尽量满足该类人群的需求。

12.3.2　功能复合

对于开放空间来说,适度的混合或按照一定比例协调不同使用功能、提升空间多样性,使得开放空间得到更加充分的利用。另外,功能复合使得开放空间成为所有人群都希望使用的场所,创造不同类型人群接触的机会,满足居民社会交往的需求。尤其是对于老年人,为他们提供与儿童、其他人群交流活动的机会和场所,而不是将其隔离在特定的区域,功能复合可能比提供面积更大的活动空间更能满足他们使用开放空间的初衷。

国际案例城市开放空间规划设计注重功能复合,对静态休闲娱乐活动空间和动态户外运动空间比例提出了定量或定性的要求。如渥太华社区及以上等级的开放空间多采用运动公园的做法,在公园中设置球场、活动场、游泳池等。与案例城市相比,我国多将开放空间分为城市公园绿地、广场用地和运动场地三种类型。这种划分方式将开放空间用地性质纯化,对其中活动和相关设施配置及比例要求相对薄弱,导致绿化所占比例普遍偏高,缺乏动态活动空间。即使开放空间总量和分布等都达到要求,但由于功能比例配置问题,居民进行动态活动的需求仍难以满足。

根据居民的生活水平,尽量创造功能多样的开放空间,包括休憩、交往、运动、娱乐等。功能复合有助于形成场所感,也更方便服务于所需人群,同时增加不同类型人群交流的机会,既满足老人和儿童等的需求,也吸引那些原本甚少使用开放空间的居民。因此,建议在开放空间规划中,弱化绿地空间、广场空间和运动空间单一功能分类的方式,对动态与静态活动空间比例进行控制引导,并对相应活动设施提出要求。社区级开放空间主要是以静态休闲娱乐活动为主,无需对该指标提出硬性要求。

合理布局综合性与特定类型开放空间,根据不同城市或区域的人口构成,满足特定人群或社区类型的需要。在对特定区域人口特征进行研究的基础上,针对特定人口或社区类型的空间分布,提出相应的综合性与专有类型开放空间的布局要求。并以居民实际需要为指导设计空间功能,以持续地促进、支持居民活动的产生。针对不同群体和其活动的时段进行空间设置,增强空间的动态调整功能,为不同居民在不同时段的活动提供支持。

12.3.3　活动设施

开放空间规划应对需要提供的配套设施与活动设施分别提出相应要求,公共财政应保障这些设施供公众免费使用,使得户外活动成为居民尤其是低收入或其他弱势群体的一种基本福利。除了满足基本配套设施,如停车场、座椅、公厕等方面的要求外,应按照标准提供静态的休闲娱乐设施和动态的户外运动设施等,并为自发及有组织的活动及节庆活动等提供满足要求的空间场地。多伦多公园规划(Parks Plan 2013—2017)针对不同等级公园分别提出相应配套设施和活动设施要求的做法值得借鉴。

不同使用人群特性决定了不同类型开放空间设施配置特点。如为成年居民及老人服务的开放空间配置康体活动设施、运动区、慢跑道等以满足特殊的要求；为青少年使用的开放空间配置轮滑区、篮球场、网球场等运动设施等；为儿童使用的开放空间提供活动广场、娱乐器械、戏水池等儿童游乐设施；为低龄儿童使用的开放空间提供家长休息区、沙池等。设施的具体内容、数量和比例由不同使用人群的数量、比例、性质、空间自身规模等决定。除设施和空间外，应重视引导标识系统、无障碍设施、环卫设施等辅助设施的规划设计和供给，如在空间中配备护栏、扶手、无障碍坡道、围栏，并定期检测、翻新、维护，以充分满足老年人、儿童以及残疾人群体等使用设施的需求。

除考虑特定时期不同类型人口需求外，开放空间物质环境构成还应考虑变化的人口需求。人口的增长和向城市的集中导致对开放空间和游憩空间需求的增加。人口结构的变化导致教育、就业、退休模式等的变化，从而导致对开放空间和娱乐需求的复杂变化。例如，以往计划生育政策和出生率的降低导致儿童人口比例的减少，而新放开的计划生育二胎政策如何影响未来儿童人口比例、如何规划满足儿童需求的开放空间将是规划师需要深入研究的议题。与其他年龄阶段的人群相比，老年人使用开放空间的比例更高，而预期寿命的提高导致人口老龄化，对开放空间和娱乐资源的使用造成重大的影响。

12.4　社会服务

加拿大学者史密斯（Smith，1983）在《游憩地理学》中认为游憩意味着一组特别的可观察的土地利用，一套开列的活动节目单。因此，开放空间只是满足居民游憩需求的物质载体，其所提供的多样性的休闲娱乐活动等才是游憩的本质。北美开放空间使用的一个最大特点就是公共活动等社会服务的组织。城市政府或社区每年都会制定全年的公共活动计划，并在年初将这些活动计划公布在政府网站上，构成政府官方网站的一项重要组成部分。相当比例的活动免费为市民提供，收费活动的票价也限制在合理的范围。这些公共活动大都依托现有开放空间，如加拿大渥太华每年冬季举行的冰雪节、夏季的各种戏剧、音乐或杂技表演、烟火或其他各种社区或节庆活动都是利用现有公园和开放空间系统，美国各个城市每年举行的复活节、万圣节或圣诞节等大型活动，也都是利用现有的开放空间。

因此，除了物质空间规划外，我国规划管理中需要关注开放空间如何反映不同居民对公共活动的诉求问题。要注重公共活动的规划和组织，尤其是加强对特定人群或弱势群体活动需求的关注,以充分发挥开放空间的作用,提高其使用效率。同时公共财政应预留部分资金用于活动的组织安排,而不是将所有的财政都用于物质空间的规划与建设。

通过居民对社区生活公众参与的引导,详细了解居民的实际要求,在社区公共活动空间的规划、建设和管理过程中,要平衡不同类型居民的需求,满足居民参与活动的需要。对此,城市政府或社区需要对可提供活动的资源整合方式、组织频率、内容和形式等提出引导性的建议或指标,并定期或不定期的组织相关活动。按组织者划分,城市或社区活动可以是自上而下有组织的群体活动,也可以是自下而上自发的个体或群体活动。按类型来分,可以是体育运动(如乒乓、篮球等),也可以是休闲活动(如散步,观景等),亦或是娱乐活动(如音乐会、节庆游行、其他文化艺术活动等)。例如城市政府或社区可以组织和开展各项文化体育活动、音乐会或表演活动,或居民自发组织各种运动会或聚会活动、个体的散步和骑自行车或家庭和团体聚会,从而最大限度地发挥开放空间的使用效率。

12.5 小结

通过克服静态思维和量化方法的局限性,在探索多目标利益集合下不同类型人群对开放空间的个性化需求的基础上,本章从规划控制、资金保障、物质环境与社会服务四方面提出构建公平公正的开放空间规划体系的建议。社会经济和开放空间可达性的空间不匹配提醒地方政策制定者进行恰当的干预,以提高开放空间可达性和满足使用者要求。建设公平公正的开放空间系统不仅要考虑开放空间的均衡分布,还要根据不同区域开放空间类型及人口的社会经济特征,有针对性的建设适宜的开放空间类型,疏解高密度人口带来的压力或满足不同类型尤其是弱势群体对开放空间的基本要求。

依托开放空间提供公共活动使得开放空间具有了场所的意义。开放空间中的活动有时比开放空间本身更具有吸引力,更能满足居民休闲娱乐需求。开放空间使老年人或外来务工者有一定的归属感;定期举行的有特色的活动能形成儿童关于成长的美好记忆;周末或节假日举行的家庭成员共同参与的活动能促进家庭和睦;节庆活动将城市与社区居民凝聚在一起,为居民提供丰富的城市生活。公共活动形成的人与人之间的交流及快乐的氛围对促进社会和谐与稳定起到重要的作用。

第13章

开放空间规划案例

本书对包括加拿大、美国、英国、澳大利亚及中国等在内的，涵盖国家、州省、区域、大都市、地方层面的开放空间相关规划案例进行总结，以期发掘不同地区、类型及层级的开放空间规划的共性及差异性，为我国开放空间规划实践提供一定参考。以下针对其中部分有代表性的案例进行简要介绍。

13.1 开放空间相关规划

13.1.1 国家层面

美国大户外：对子孙后代的承诺

规划名称	美国大户外：对子孙后代的承诺(2011) America's Great Outdoors：A Promise to Future Generations 2011
编制单位	环境质量委员会(Council on Environmental Quality) 农业部(Department of Agriculture) 内政部(Department of the Interior) 环保局(Environmental Protection Agency)

规划内容	规划内容主要包括如下几方面，同时对每方面提出相应的规划目标和实施策略。
	(1) 美国大户外：对子孙后代的承诺
	(2) 建立美国人民同大户外的联系
	    • 提供高质量就业、职业方向和服务的机会
	    • 加强休闲娱乐可达性和机会
	    • 提高对美国户外价值和益处的认知
	    • 促使青年人参与大户外的保护，恢复美国的大户外
	(3) 保护及恢复美国大户外
	    • 加强土地和水资源保护基金
	    • 建立大型城市公园和社区绿地
	    • 通过伙伴关系和激励机制保护乡村农场、牧场和森林
	    • 保护和恢复国家公园、野生生物保护区、森林和其他联邦土地及水域
	    • 保护和更新河流等水域
	(4) 携手共建美国大户外
	    • 使联邦政府成为更有效的保护合作伙伴
	(5) 青年和美国的大户外

13.1.2 州省层面

美国纽约州开放空间保护规划

规划名称	美国纽约州开放空间保护规划(2009) New York State Open Space Conservation Plan,2009
编制单位	纽约州环保部(The Department of Environmental Conservation) 纽约州公园、康乐及历史保护办公室(The Office of Parks,Recreation and Historic Preservation)
规划范围	纽约州全州
规划目标	提出了涉及生态环境保护与居民游憩娱乐等在内的13项目标: • 保护植物和动物物种多样性栖息地,以确保健康的、可行和可持续的生态系统 • 保护全州水质,包括地表和地下饮用水供应,湖泊、溪流和维持人类生命和水生生态系统所需的沿海和河口水域 • 通过鼓励更加紧凑的社区设计模式,应对全球气候变化 • 管理全州可用于固碳和空气质量提升的森林,以应对全球气候变化 • 通过保护全州海岸线和广阔的岸边走廊和湿地,以应对气候变化 • 提高生活质量和全州社区健康,特别是那些具有有限开放空间可达性的社区 • 为所有纽约人提供方便可达、优质的户外娱乐和开放的空间 • 提供涉及生态、环境和文化资源相关的教育和研究场所 • ……
规划内容	(1) 州开放空间保护规划:提出开放空间保护的目标、原则、规划、行动计划、近期规划及开放空间保护手段; (2) 遗产保护:分析了包括游憩传统,确保环境公正,完善保护方法及水土遗产保护等方面的内容; (3) 行动: 　A. 对气候变化的响应 　　• 保护海岸线 　　• 建立河岸缓冲带和湿地保护区 　　• 促进林业可持续发展 　　• 促进城市林业及绿色基础设施发展 　B. 培育绿色健康的社区 　　• 提供流域和水质保护 　　• 提供城市滨水、城市绿道及游径可达性 　　• 连接开放空间走廊 　　• 促进精明增长与改善交通运输

续表

规划内容	C. 建立纽约人与自然和游憩的联系 　● 建立儿童与自然的联系 　● 环境公平的社区绿化 　● 建设社区花园及城市农场 　● 确保游憩空间可达性 D. 保护自然与文化遗产 　● 支持农场及林地 　● 管理独特的、自然及野生动物栖息地 　● 保护景观、历史及文化遗产 （4）结论 （5）区域优先保护项目 （6）资源存量/方案及伙伴关系 （7）区域咨询委员会建议 （8）代理机构联系人 （9）环境影响报告书

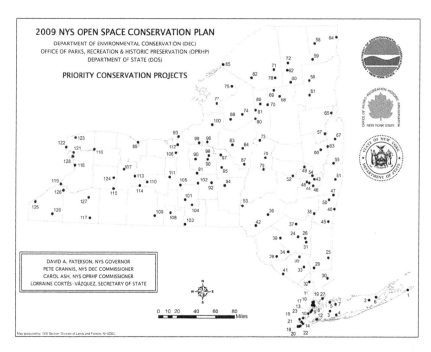

（a）优先保护项目

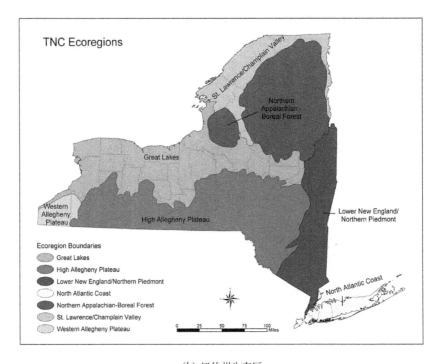

（b）纽约州生态区

图 13-1　纽约州开放空间保护规划相关图纸

（2）中国广东省绿道网建设总体规划

规划名称	广东省绿道网建设总体规划（2011—2015）
编制单位	广东省住房城乡建设厅
规划范围	规划范围为广东省陆域范围,包括 21 个地级以上市的全部行政区域,面积约 17.98 万 km²
规划目标	(1) 到 2015 年,全省建成总长约 8 770 km(含珠三角地区已建的 2 372 km省立绿道)、功能形式多样的省立绿道,实现 46 处城际交界面(含珠三角 18 处城际交界面)互联互通,统筹绿道网络与城市交通体系布局,实现绿道与城市公共交通系统的无缝衔接。 　　(2) 强化绿道沿线景观的整治和绿道综合功能的开发利用,到 2015 年,珠三角地区各地级以上市绿道开发成熟完善,粤东西北地区各地级城市建成 2~3 条省立绿道主题游径,综合开发模式基本成型

规划目标	（3）通过划定绿道控制区和绿化缓冲区，保育和恢复绿道及周边地区的生态环境，提升区域生态环境品质。到 2015 年，省立绿道绿化缓冲区总面积占全省土地总面积的比重达到 9% 以上
规划内容	广东省绿道网是由省立绿道和城市绿道构成的网络状绿色开敞空间系统。省立绿道是城市与城市之间的绿道网的主体骨架，城市绿道是连接城市内部重要功能组团的绿道。基本构建城市绿道 15 min 可达、省立绿道 45 min 可达的省立—城市绿道网络。根据功能和位置不同，绿道网分为都市型绿道、郊野型绿道和生态型绿道三种类型。 　　规划形成由 10 条省立绿道、约 17 100 km² 绿化缓冲区和 46 处城际交界面共同组成的省立绿道网总体格局。10 条省立绿道贯通全省 21 个地级以上市，串联 700 多处主要森林公园、自然保护区、风景名胜区、郊野公园、滨水公园和历史文化遗迹等发展节点，全长约 8 770 km。绿化缓冲区是指在绿道周边地区划定一定范围进行生态控制的区域，是绿道的生态基底，占全省土地总面积的 9.5%。规划对绿廊系统、慢行系统、服务设施系统、标识系统和交通衔接系统等分别提出了相应要求，保证绿道使用者的通勤、休憩、旅游及安全等需求。规划也同时根据生态化和本土化的原则，充分结合绿道现有自然资源特征，对保持和修复绿道及周边地区的原生生态功能提出相应要求。 　　在空间规划的基础上，结合空间布局、地域景观特色、自然生态与人文资源特点，针对不同类型绿道提出了相应的建设和管理措施。并提出包括组织机构、法规保障、技术支持、政策措施、管理运营、实施监督和公众参与等方面在内的规划实施保障机制。从规划编制角度出发，提出将省绿道网总体规划布局内容纳入省域城镇体系规划的要求，将城市绿道网总体规划布局、绿道控制区范围和界限纳入各地城市总体规划的强制性内容，将绿道建设详细规划纳入城市控制性详细规划的要求。 　　具体而言《广东省绿道网建设总体规划》主要包括如下几个方面的内容： • 总则 • 规划目标与原则 • 绿道网布局规划 • 绿道设施规划 • 生态化措施 • 绿道功能开发策略 • 省立绿道网建设指引 • 设施机制与保障措施

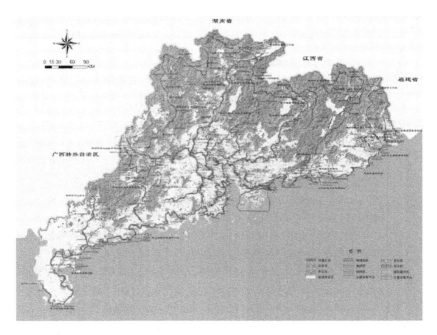

（a）总体空间布局图

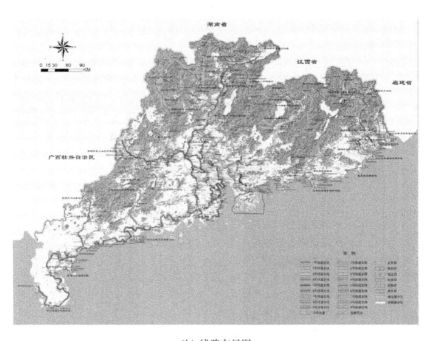

（b）线路布局图

图 13-2 广东省绿道网建设总体规划

13.1.3 区域层面

澳大利亚昆士兰东南部区域规划

规划名称	澳大利亚昆士兰东南部区域规划(2009—2031) South East Queensland Regional Plan,2009—2031
编制单位	昆士兰基础设施与规划部 (Department of Infrastructure and Planning,Queensland Government)
规划范围	22 420 km²,11 个区域与市议会，277 万人
规划目标	以最可持续的方式管理区域增长和变化,提高该区域的生活质量。 该规划优先于所有其他的规划,提供用于管理增长、变化、土地利用和开发的框架
规划内容	规划主要包括愿景、预期结果、原则、政策及方案等内容
与区域公园与开放空间（RPOS）相关的预期结果	期望结果 3：确认和保护关键的区域景观环境、经济、社会和文化价值,以满足社区需求和实现生态可持续性。 期望结果 6：具有强烈认同感和场所感的富有凝聚力、包容、健康的社区,以全方位的服务和设施,满足社区需要的多样性
与区域公园与开放空间（RPOS）相关的目标与政策	3.4　社区绿色空间网络 原则：提供整合的高质量区域社区绿色空间网络,以满足社会及环境需求。 • 政策 3.4.1　扩展与开发现有区域社区绿色空间网络能力,满足目前及未来社区需要。 • 政策 3.4.2　保留州政府和地方政府管理的土地,包括在建道路、现有线路、水路、墓地、公园、露营场所、公用设施走廊和其他可能列入区域社区绿地网络的用地。 3.7　户外游憩 原则：在优先满足社区需求并保护其他区域景观资源价值的前提下,提供多种户外游憩机会。 • 政策 3.7.1　将户外游憩活动、基础设施及各种机会纳入土地利用、重点基础设施和自然资源的规划和管理。

与区域公园与开放空间（RPOS）相关的目标与政策	● 政策 3.7.2　制定并实施昆士兰州东南部户外休闲战略，协调户外休闲服务，包括在该地区的政策、规划、开发、管理和监管。 6.3　健康和安全的社区 原则：制定鼓励社区活动、社区参与、健康生活方式及预防犯罪的健康安全的环境。 ● 政策 6.3.3　户外游憩活动提供充足适当的社区绿色空间，为休闲娱乐和运动提供空间和设施，促进社区活动和健康的生活方式。 8.4　城市绿色空间 原则：提供高品质的城市社区绿地网络，以满足开发区域及现有社区的社会和环境需求。 ● 政策 8.4.1　识别并回应随着城市的发展而产生的社区对城市绿地的需求，尤其是在活动中心和高密度住宅发展领域。 ● 政策 8.4.2　确保将城市社区绿地纳入区域的城市结构，以确保土地利用效率和长期可持续发展。 ● 政策 8.4.3　整合规划和提供城市社区绿地网络。 ● 政策 8.4.4　通过适当的基础设施收费及其他机制，促进城市社区绿色空间充足并及时的供给

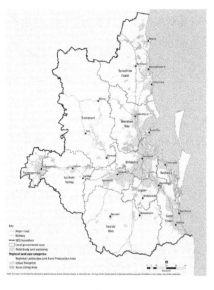

（a）区域土地利用　　　　　（b）区域社区绿色空间网络现状

图 13-3　澳大利亚昆士兰东南部区域规划

（2）伦敦规划：大伦敦地区空间发展战略

规划名称	伦敦规划：大伦敦地区空间发展战略 2016(包括自 2011 年后的修订) The London Plan：the Spatial Development Strategy for London Consolidated with Alterations since 2011
规划范围	1 579 km²,32 个伦敦各区及伦敦市,总计 750 万人
编制单位	大伦敦政府
规划内容	伦敦规划对伦敦的空间、人、经济、应对气候变化、交通、生活空间与场所以及规划实施与管理等多方面的内容提出了相应的规划发展目标与政策。其中第七章 伦敦的生活空间与场所提出了与开放空间保护相关的目标及对策。在保护开放空间政策部分,分别提出了"新建开放空间以满足不同级别的开放空间供给、解决开放空间不足问题"的发展战略;同时,提出了不得随意更改和调整开放空间等的规划决策;并着重对开放空间类型、规模及服务半径进行详细规定。 （1）保护伦敦开放空间与自然环境 　• 政策 7.16　绿带 　• 政策 7.17　大都市开放用地 　• 政策 7.18　保护开放空间并解决匮乏问题 　• 政策 7.19　生物多样性及自然可达性 　• 政策 7.20　地质保育 　• 政策 7.21　树木与林地 　• 政策 7.22　农作物生产用地 　• 政策 7.23　殡葬场所 （2）蓝带网络 　• 政策 7.24　蓝带网络 　• 政策 7.25　增加供游客使用的蓝带网络 　• 政策 7.26　增加供货运使用的蓝带网络 　• 政策 7.27　蓝带网络,支持基础设施及游憩用途 　• 政策 7.28　蓝带网络的恢复 　• 政策 7.29　泰晤士河 　• 政策 7.30　伦敦运河、河流及水景

(a) 重要地质保育区

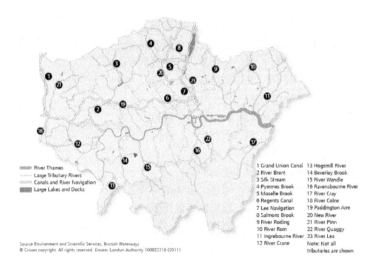

(b) 蓝带网络

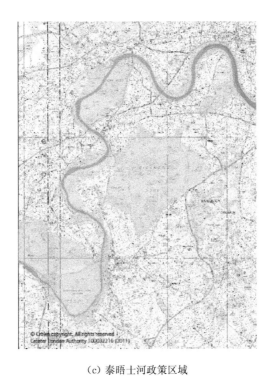

（c）泰晤士河政策区域

图 13 - 4　伦敦规划：大伦敦地区空间发展战略

13.1.4　地方层面

（1）美国纽约城市规划：更绿色更美好的纽约

规划名称	纽约城市规划：更绿色更美好的纽约(2011) plaNYC：A Greener Greater New York,2011
编制单位	纽约市政府(The City of New York) 市长布隆伯格(Mayor Michael R. Bloomberg)
规划目标	属于城市发展战略规划,提出了在住房与邻里、开放空间、棕地、水道、供水、交通、能源、空气质量、固体废弃物、气候变化等诸多方面达到更绿色更美好的纽约的发展目标。作为其中一个重要章节,公园与公共空间部分提出了 10 min 步行圈行动,规划至 2030 年,让 99％的纽约人步行 0.5 mi,85％的市民步行 0.25 mi,就能到达一个公园或娱乐场地
规划策略	公园与公共空间规划部分提出五项规划目标,为达成这些目标分别提出诸多策略。 （1）在公园供给不足的邻里提供具有影响力的项目 　　• 创建用来识别公园和公共空间优先领域的有效方法

227

规划策略	<ul><li>开放未充分利用的空间作为游乐场或半公共空间</li><li>促进都市农业和社区园艺</li><li>继续延长现有场所的使用时间</li></ul>（2）为各类娱乐活动创建目的地层面的空间<ul><li>创建和升级旗舰公园</li><li>将垃圾填埋场转换成公共空间和绿地</li><li>增加水上娱乐的机会</li></ul>（3）再塑公共领域<ul><li>激活街景</li><li>完善市、州和联邦的合作伙伴之间的协作</li><li>创建绿色走廊网络</li></ul>（4）自然保护<ul><li>种植一百万棵树</li><li>保护自然区域</li><li>支持生态连通性</li></ul>（5）确保公园和公共空间的长期健康发展<ul><li>支持并鼓励管理</li><li>通过公共空间的设计和维护促进可持续性</li></ul>

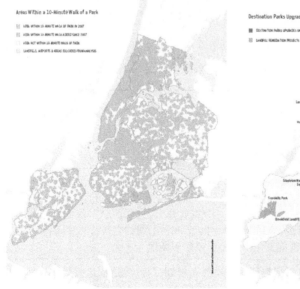

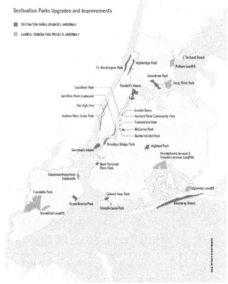

（a）公园 10 分钟步行可达范围　　　　　　　（b）目的地公园

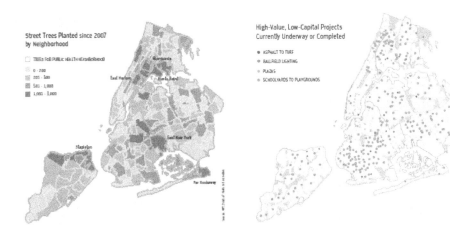

（c）2007 年以来邻里行道树种植情况　　　　（d）进行或已完成的高价值低成本项目

图 13-5　更绿色更美好的纽约

（2）美国圣弗朗西斯科市游憩与开放空间规划

规划名称	美国圣弗朗西斯科总体规划：游憩与开放空间规划（2014） Recreation and Open Space，an Element of the San Francisco General Plan，San Francisco，United States，2014
编制单位	圣弗朗西斯科市规划部（San Francisco Planning Department）
开放空间权属	公有开放空间构成了城市土地总面积的近 20%。共有开放空间包括： • 圣弗朗西斯科康乐及公园部（RPD）拥有并管理超过 3 400 acre 康乐及开放空间； • 加利福尼亚州拥有和管理超过 250 acre 的开放空间； • 联邦政府拥有 1 600 acre 的开放空间
规划目标	主要提出了如下六大目标： • 确保维护良好的、高效使用的、整合的开放空间系统； • 增加开放空间以满足城市和湾区的长期需求； • 增加开放空间的可达性与联系性； • 保护和加强生物多样性、人居环境价值及开放空间的生态完整性； • 促进社区参与娱乐和开放空间的管理； • 确保开放空间用地收购、运营和维护的长期资源和管理
规划标准	该开放空间规划将城市的开放空间分为市级、区级、社区级三类，并对面积、服务半径等指标进行了规定
规划原则	旨在营造一个整合与多功能、场所感、公平与可达性、连接性、健康与安全、生态功能整合、持续监护的娱乐与开放空间体系

规划内容	规划的核心内容就是在对现有开放空间进行梳理的基础上,根据居民的社会空间分布特性,提出开放空间规划的目标与政策,并针对各项具体政策提出具体的技术指标和控制要求,进而对开放空间(包括开放空间联系和游步道等)及游憩设施等进行总体的空间布局,从而构建一个联系各开放空间的开放空间系统。该规划主要包括三方面的内容: • 目标与政策摘要 总结了六大目标及其下的各项政策; • 引言 论述了开放空间的重要性、开放空间供给现状、开放空间定义与类型,提出开放空间的指导原则,并对相关规划和机构计划等进行了总结; • 对目标与政策的详尽阐释 在六大目标之下,分别提出了实现各项目标的多项具体政策,并用图示的方式对现有开放空间分布与可达性、人口的社会经济状况、开放空间需求等进行了分析,并规划了不同类型的开放空间及开放空间之间的线性联系
其他	美国圣弗朗西斯科开放空间规划(Open Space Plan, City of San Francisco, 1997)旨在营造一个多样、均衡、高质量的城市公共开放空间体系,同时通过绿道建设将圣弗朗西斯科的开放空间串联起来形成步行联系体系。2013年,美国圣弗朗西斯科总体规划修编,将开放空间规划纳入总体规划,并作为其重要组成部分
相关规划 与导则	• 街道公园计划(Street Park Program); • 街道/公共领域优化规划(Better Streets/Public Realm Planning); • 社区与邻里规划(Community and Area Plans); • 滨水土地利用规划与设计及可达性规划(Waterfront Land Use Plan and Design and Access Element); • 开放空间规划(Open Space Planning); • 金门国家游憩区规划〔Golden Gate National Recreation Area (GGNRA) Planning Efforts〕; • 重点自然资源区域管理规划(Significant Natural Resource Area Management Plan); • 圣弗朗西斯科蓝绿道规划设计导则(San Francisco Blue Greenway Planning and Design Guidelines); • 湾区游步道计划和湾区水径规划(Bay Trail Plan and Bay Area Water Trail Plan); • 圣弗朗西斯科可持续发展规划(San Francisco's Sustainability Plan); • 圣弗朗西斯科公共公园可持续发展规划(Sustainability Plan for Public Parks); • 项目标准与设计导则(San Francisco Recreation and Parks Department, Project Standards and Design Guidelines)

（a）开放空间现状 　　　　　　　　　　　　　（b）游憩设施现状

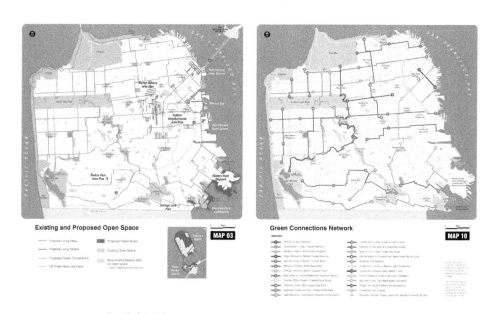

（c）现状及规划开放空间 　　　　　　　　　　（d）绿色联系网络

图 13 - 6　美国圣弗朗西斯科总体规划：游憩与开放空间

231

（3）美国迈阿密公园与公共空间总体规划

规划名称	迈阿密公园与公共空间总体规划(2007) Miami Parks and Public Spaces Master Plan，2007
编制单位	迈阿密公园游憩部及规划部 （The City of Miami，Parks & Recreation Department and Planning Department）
规划目标	开放空间规划要满足市民多样性的需求,提供更多接近水体、供休闲娱乐的、更绿色、更安全、更接近自然的步道和自行车道;每个居民都可以安全舒适地到达邻近的公园;并通过建立线形的公共空间,使其成为连续的系统
规划内容	该规划主要包括如下几个方面的内容: 行政摘要 • 迈阿密 21 世纪公园与公共空间愿景 • 公园与公共空间社区对话 • 迈阿密 20 世纪的公园系统 • 明日的公园与公共空间系统 • 针对市中心与城市邻里的愿景 • 设计详述 • 规划实施
其他	该规划不同于在 2005～2007 年编制的更详细的设计总体规划,如城市的主要滨水公园、百年纪念/博物园、椰林滨水区域、海湾公园及市区总体规划等。作为市域层面的总体规划,公园与公共空间总体规划是迈阿密为了完成总体规划中提出的公共开放空间的目标框架而编制的专项规划,并没有专注于对特定公园的设计或再设计,而是在详细的社区调查基础上,从系统层面提出了政策与指导方针等,以及不同类别的公园和公共空间的建议

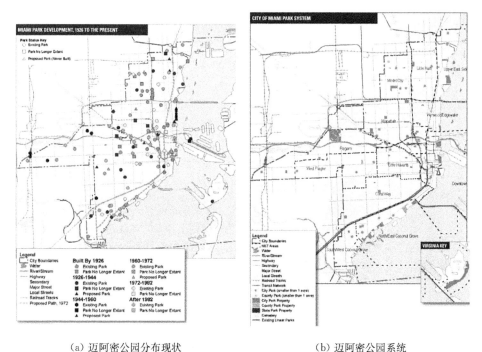

（a）迈阿密公园分布现状　　　　　　　　（b）迈阿密公园系统

（c）迈阿密公园可达性　　　　　　　　（d）21 世纪公园与开放空间愿景

图 13 - 7　迈阿密公园与公共空间总体规划

（4）加拿大渥太华绿色空间总体规划

规划名称	加拿大渥太华绿色空间总体规划(2006) Greenspaces Master Plan, Ottawa，2006
编制主体	渥太华市政府(City of Ottawa)
规划内容	• 规划背景； • 渥太华绿色空间及网络界定：对现有绿色空间资源，如自然用地、开放空间与游憩用地、城市绿色空间网络等不同类型进行了界定； • 愿景：提出建设充足的、可达的、高质量的、联系的以及可持续发展的绿色空间愿景； • 规划实施：提出在土地利用规划、开发审查过程、公共基础设施、用地管理、征地等方面的政策，进一步提出三年行动计划。并提出开放空间与游憩用地规划方案，绿色空间网络的规划方案，及绿色空间网络多用途路径的空间规划

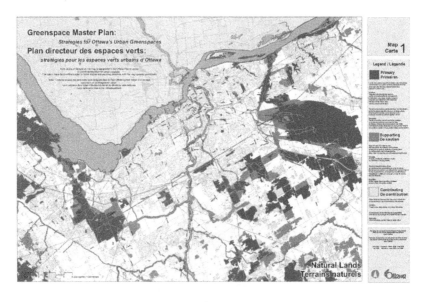

（a）自然用地

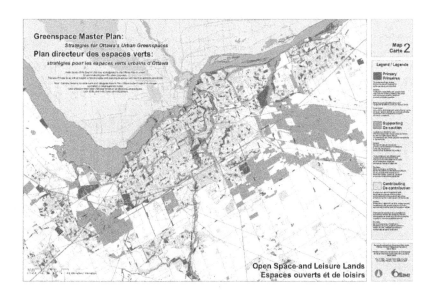

（b）开放空间与游憩用地

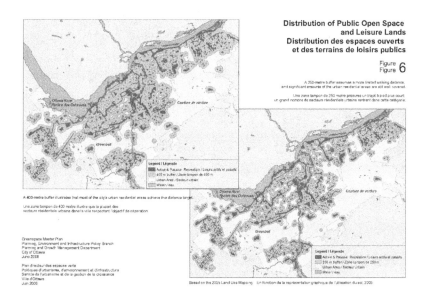

（c）开放空间分布与覆盖范围

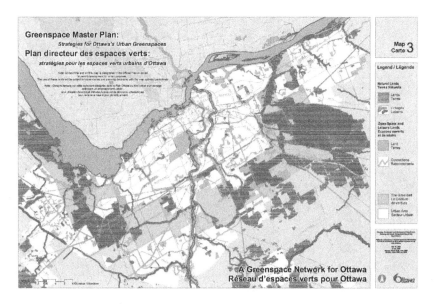

(d) 绿色空间网络

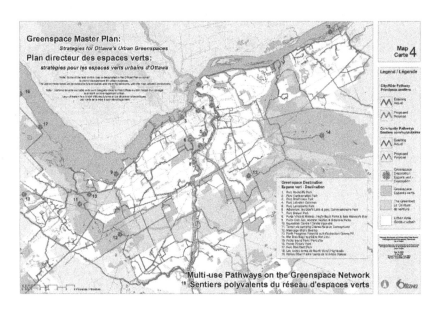

(e) 绿色空间网络多功能路径

图 13-8　加拿大渥太华绿色空间总体规划

（5）加拿大多伦多市公园规划

规划名称	多伦多市公园规划(2013—2017) Parks Plan，2013—2017
编制单位	公园、林业及游憩部(Parks，Forestry and Recreation)
规划愿景	多伦多是一个充满活力的城市，为支持积极、健康的生活方式和社区多样化的需求，提供安全、温馨且维护良好的公园和游径，可持续和增长的城市森林，优质的游憩设施和项目

规划内容	规划主要包括七个方面的内容，其中政策建议部分主要提出规划目标，在每个目标下提出相关规划策略，每一具体策略（称为指引）又包含若干规划实施行动。
	行政摘要
	1. 引言
	   • 背景及规划框架
	   • 公园规划过程
	   • 公园价值
	2. 现有系统
	   • 物质空间系统
	   • 公园使用
	3. 公园规划背景
	   • 政策背景
	   • 变化的城市对公园的影响
	   • 发展的城市对公园的影响
	   • 环境变化—气候变化
	   • 历史语境下的公园系统
	4. 与使用者的沟通与联系
	   • 指引 1：增强沟通与拓展
	   • 指引 2：增强居民、团体及利益相关者的参与
	   • 指引 3：完善许可证制度，促进公园使用
	   • 结论
	5. 保护与促进自然
	   • 指引 4：改善自然区域的管理
	   • 指引 5：改善以自然环境为主的游径
	   • 指引 6：将新的趋势及技术整合到公园管理中
	6. 维持公园质量
	   • 指引 7：提升公园绿地及游径的质量和合理性
	   • 指引 8：改善公园空间
	   • 指引 9：通过园艺和都市农业进行展示、教育与启发
	7. 改善系统规划
	   • 指引 10：制定 20 年公园、林业和游憩设施计划用来指导未来设施投资和土地征用
	   • 指引 11：拓展有效的手段用以指导和提升公园的使用
	   • 指引 12：继续提高可达性
	总结——公园规划

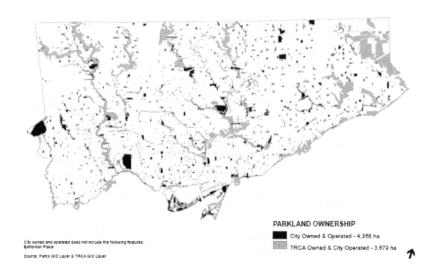

（a）多伦多市公园系统用地

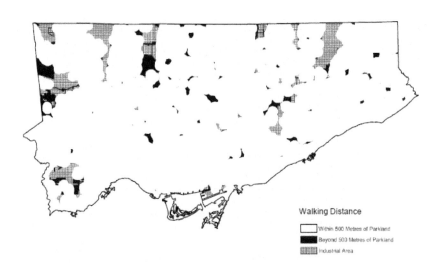

（b）距离城市公园用地步行距离覆盖范围

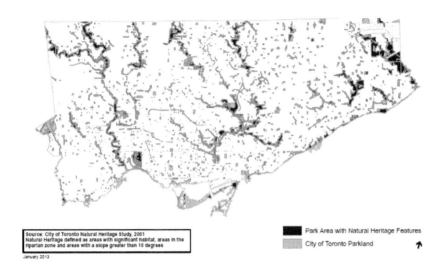

（c）具有自然遗产特征的公园绿地

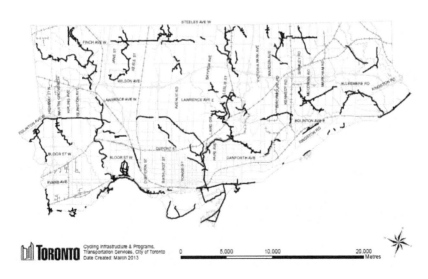

（d）多伦多主要的多功能游径系统

图 13-9　多伦多市公园规划

（6）加拿大卡尔加里市开放空间规划

规划名称	加拿大卡尔加里市开放空间规划(2002) Open Space Plan，the City of Calgary，Canada，2002
编制单位	卡尔加里市政府(The City of Calgary)
规划目标	提出十大发展目标
规划内容	加拿大卡尔加里市开放空间规划是与省土地使用政策和市政府法案等上位规划政策和法规相一致的。卡尔加里市开放空间规划主要包括如下内容： 　　● 引言 　　● 愿景 　　● 目的和范围：提出了开放空间规划框架,对开放空间规划和其他政策和计划之间的关系进行了阐述(表13-1)； 　　● 发展趋势：对社会与人口、生活方式、休闲娱乐、财政与环境等几方面的趋势进行了分析,并总结这些趋势对开放空间的含义； 　　● 社区需求评价； 　　● 开放空间功能与益处：提出了开放空间在居民娱乐及环境保护等方面的益处； 　　● 开放空间原则：提出了开放空间规划原则、设计开发原则及操作原则； 　　● 开放空间土地利用政策：主要对路径、娱乐性开放空间、环境保护开放空间、城际开放空间、备用开放空间及土地征用政策等几方面分别提出相应的土地利用政策,该规划还将整个区域按照市中心、内城、郊区及新建社区等不同类型设定政策区域； 　　● 开放空间规划实施：提出相关的政策、规划过程、筹资伙伴关系及开放空间规划的监控与更新等内容。 　　该规划提出了卡尔加里开放空间总体布局,并架构了一个联系社区与公园、风景名胜区等的路径系统,将开放空间成为城市空间结构的重要组成部分

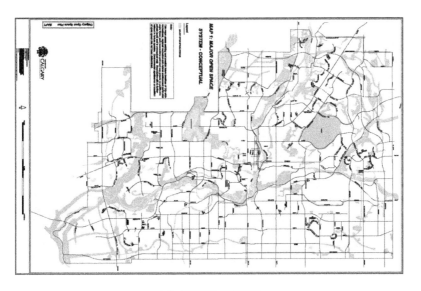

（a）主要开放空间系统

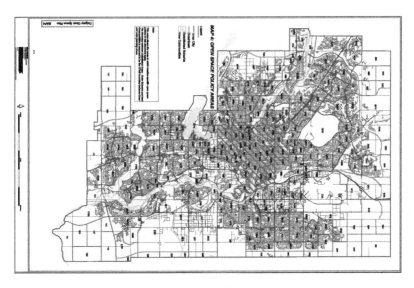

（b）开放空间策略区

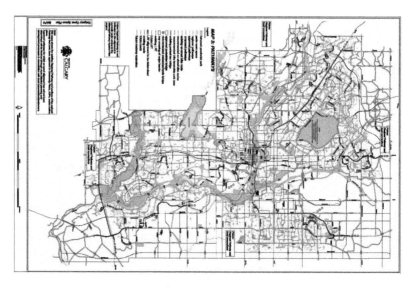

(c) 路径规划

图 13-10 加拿大卡尔加里市开放空间规划

表 13-1 卡尔加里市开放空间规划框架

市政府法案及其他省级和联邦立法					
市域/更大范围；多种功能；伙伴关系	城际开发规划		卡尔加里规划和其他市政机构批准的政策		共同使用协议
市域；所有开放空间	开放空间规划				
市域；开放空间特定议题或方面	城市公园总体规划；河谷规划	自然区域管理规划	暴雨管理规划	自行车道/路径规划	运动场管理规划	城市森林管理规划
广泛的地理区域政策	区域再开发规划		社区规划；区域结构规划		专门研究
特定区域开放空间位置/配置规划	土地使用修正案，大纲与土地细分规划				
政策实施	开发许可；开发商或合作项目审查；开发协议				设计开发；城市公园项目规划；商业规划

来源：Open Space Plan，the city of Calgary，Canada，2002

（7）英国伦敦开放空间战略

规划名称	伦敦开放空间战略（2014） Open Space Strategy，2014
编制单位	伦敦市政府（City of London）
规划目标	在"建立高品质、鼓舞人心的开放空间网络，为所有城市社区和游客提供具有吸引力的、健康的、可持续发展和社会凝聚力的空间"的规划愿景的基础上，提出了包括提高开放空间可达性等在内的十大规划目标
规划内容	行政摘要 1. 引言 2. 政策框架 　● 国家政策及战略 　● 区域政策及战略 　● 地方政策及战略 3. 需求评价 　● 城市特征 　● 开放空间供给 　● 开放空间需求 4. 愿景、战略及供给愿景 　● 战略 　● 供给 　● 行动方案 　● 实施、监督及审查

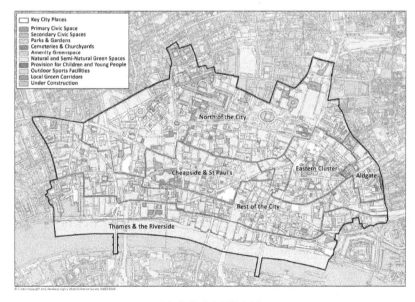

（a）伦敦现有开放空间

243

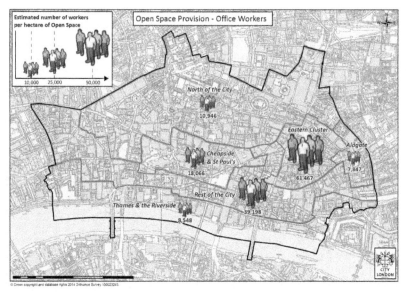

（b）办公人口开放空间供给

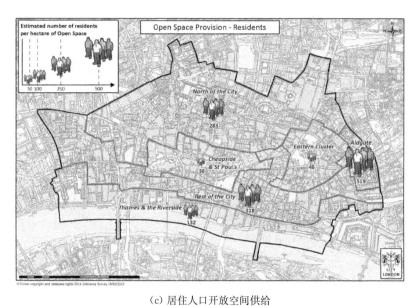

（c）居住人口开放空间供给

图 13-11　伦敦开放空间战略

（8）杭州市公共开放空间系统规划

规划名称	杭州市公共开放空间系统规划
编制单位	杭州市规划局
规划范围	规划范围包含上城区、下城区、江干区、拱墅区和西湖区 5 个行政区，面积 479 km²；其中重点范围为居民日常生活的主城区，包括 52 个管理单元，面积 192 km²
规划内容	杭州市公共开放空间系统规划是杭州市规划局针对公共开放空间系统开展的一项专项研究。根据公共开放空间现状区域特征及控规成果的区域分析，将具有类似问题的地区进行合并，将重点范围划分为 3 个策略区。在对开放空间现状问题进行分析研究的基础上，确定了人均公共开放空间面积和可达范围覆盖率两项控制指标，并通过这两项指标对杭州市的公共开放空间进行总体规划控制。其中总体人均公共开放空间面积应达到8.0 m²/人。其中绿地空间 7.5 m²/人、广场空间 0.5 m²/人、运动空间0.5 m²/人。全市 5 min 步行可达范围覆盖率应达到 80%。全市 5 min 自行车可达范围覆盖率应达到100%。结合现状实际情况和已有规划，提出人均公共开放空间面积的近期实施目标。并针对三个策略区的现状特征以及规划策略的不同，提出不同实施目标。针对全市公共开放空间建设提出通用的设计导则，设计导则分为强制性导则和建议性导则两部分，包括规划选址、交通、环境设施和路径联系几项内容。 针对开放空间规划编制，提出建立定期检讨的专项规划制度，建立与相关规划配合的机制等规划管理建议。并将公共开放空间的现状和规划信息纳入到城市规划管理部门的图形管理系统中，建立公共开放空间的服务覆盖预警系统及非独立占地公共开放空间的控制机制。提出近期行动计划的实施途径，包括针对数量不足分布不均问题的空间增加行动，针对设计不合理不实用问题的空间改善行动，针对空间使用效率不高及缺乏地方特色问题的空间活化行动；通过规划修编新增独立占地公共开放空间，结合旧村、旧城改造新增独立占地公共开放空间等建议

（a）现状公共开放空间分布图

（b）现状公共开放空间可达范围分布图

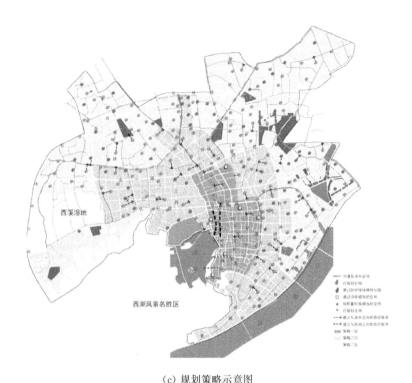

（c）规划策略示意图

图 13-12 杭州市公共开放空间系统规划

13.2 开放空间个案

除以上开放空间规划，几乎每个城市都有其独特的开放空间规划系统，如加拿大的温哥华和多伦多，美国的芝加哥、密尔沃基、丹佛、亚特兰大、克里夫兰、波特兰等城市的开放空间规划。丹佛是绿道规划的引领者，其 400 mi 长的绿道、公园道及游径系统与公园系统共同构成了丹佛联系的开放空间系统。亚特兰大的带线项目（The Beltline）旨在创造 1 200 hm² 的新建或扩建的公园，并且改善现有 700 hm² 的公园计划（Dai，2011）。

总体规划中开放空间规划部分或开放空间专项规划是本研究所要讨论的核心内容，而开放空间个案并非研究的重点。但在城市发展与更新过程中涌现出一系列开放空间的优秀案例，为城市开放空间系统的完善和改进起到举足轻重的作用。

过去的几个世纪涌现出许多优秀的开放空间。有些开放空间是自下而上由草根阶层发起的,如 2012 年开放的纽约高线公园(The High Line),一期总长约一英里,利用旧货运铁路线成为旧物重建的典范。其后几期及在其他国家或城市陆续开发的类似的高线公园,如悉尼高线公园、首尔高线公园、新加坡高线公园、华盛顿高线公园等也成为较为成功的案例,成为各地独特的空中花园走廊,为居民提供了游憩的场所和宝贵的绿色空间;有些通过广泛的公共宣传获得了世界的关注,如芝加哥的千禧公园(Millennium Park in Chicago)。

有些开放空间是为全市民众服务的,如加拿大首都渥太华的环城绿带;有些是出于对特定人群(如穷人和工人阶级)对开放空间的要求而建,如伦敦东部的维多利亚公园(Victoria Park in London's East End)(Garvin,2011)。有些开放空间是独立的公园绿地,但许多城市的开放空间是由线性开放空间相互连接而成的开放空间系统(Austin,2014)。如早在 1900 年规划的美国芝加哥沿密西根河西岸 1 000 m 的永久性城市滨水空间,或被称为世界上最早的城市绿道的美国波士顿"翡翠项链"。翡翠项链是由美国著名的景观设计大师奥姆斯特德(F. L. Olmsted)提出的,并由其在 1878 年完成方案设计,历经 17 年建设,于 1895 年基本建成;由绿道和绿色空间组成,从波士顿公园延伸 16 km 到富兰克林公园,其中包括滨河绿道、林荫道、牙买加公园、阿诺德植物园等自然公园节点,连接了麻省的波士顿公园、布鲁克林和剑桥等主要城镇。

有些开放空间是传统的开放空间,而有些则是利用城市废弃的地下、地面或地上空间或设施建设的开放空间,如纽约州的河岸州立公园(Riverbank State Park)建在污水处理厂上方,为居民提供了急需的游憩活动场所;波士顿的邮局广场公园(Post Square Park)是坐落在七层地下停车场上方的开放空间;Dan Barasch 与 James Ramsey 设想在纽约市地下 1948 年完全废弃的客运电车终端场址规划建设一个充满绿意的公园,该场地是在纽约市一个非常拥挤的区域下方未被利用的足球场大小的空间,计划通过先进的技术,收集地上阳光并引导它向下发散。

总体而言,发达国家开放空间从规划设计到规划落实都已经比较成熟,其规划建设始终都严格遵守概念规划的指导作用,主要以政策规划为导向,强调规划政策与实施策略。基于合理的开放空间规模提供不同的配套活动设施,避免土地和资金使用不当造成的浪费。在设计理念上突出人性化、本土化、低成本、实用性以及可持续。同时注重使用功能,不太刻意讲究华丽的视觉效果,主要立足解决附近居民平日休憩活动的需要。相比之下,国内许多开放空间在设计和建设中过于强调抽象的景观主题,往往忽视空间的主要使用功能及其他社会文化功能。一般多依托城市绿地系统规划进行建设,但在人口众多、用地不足的市区,开放空间一般是"见缝插绿"的过程。因此,在开放空间建设过程中,应强调其社会功能、空间功能和环境功能;满足居民和邻里之间的交流沟通,提供开放活力空间和多样性、舒适、优美的生活环境。同时其环境应该满足整体性与多样性、实用性与观赏性、全民化与开放性等要求。即能够将整个区域的开放空间作为一个有机整体,构建空间系统,向各层次居民开放,并满足居民的生理和心理需求、视觉与活动需求等。

13.3　开放空间演变

城市开放空间并非一日建成。几乎所有城市的开放空间系统都是经过长时间自然发展或在多轮规划作用下日渐形成的,如美国纽约、加拿大渥太华、英国伦敦等。这里仅以加拿大首都渥太华的开放空间系统为例进行简要分析。

最初的渥太华并不是按照规划建设的,其后的发展也主要依赖城市的自然演变,但在20世纪上半叶,四个相关规划相继完成,初步奠定了今天渥太华城市开放空间系统的格局。

1903年,美国景观设计师弗雷德里克·托德(Frederick Todd)的规划倡导由小型城市公园、大型郊区公园及远郊自然保护区等相联系的开放空间网络。其后,1915年的霍尔特报告(The Holt Report)提出了一系列在空间和管理方面的转变,包括在渥太华设立类似美国华盛顿特区的联邦区域。该规划包括3 000 acre公园用地,在大约半英里的覆盖范围内,每个居民享有7～10 acre的游乐场地,即使按照现在的标准也是相当高的;并建议通过公园道将公园联系起来形成开放空间系统;在当时已经形成850 acre的公园和公园道。

1950年,法国规划师雅克(Jacques Greber)在加拿大首都规划中提出对首都区域的描述、对主要空间问题的分析、对规划的新类型首都问题的解决方案。虽然这个规划没有完全实现,但雅克提出的许多关于开放空间的设想得到了实施,如环渥太华绿带作为城市增长的边界以及城市和乡村用地的分野。1959年成立的国家首都委员会NCC(The National Capital Commission)主要负责雅克规划的实施。在首都区域建成了包括渥太华河公园道(The Ottawa

River Parkway)、丽都运河公园道（Rideau River Parkway）、西部公园道（Western Parkway）以及东部公园道（Eastern Parkway）等在内的至今超过25 mi长、2.5 mi宽总计 4.4 万 acre 的六个公园道（Erickson，2006）。

近几十年来，在原有开放空间结构的基础上，一系列相关规划陆续编制。1996 年绿带总体规划（Greenbelt Master Plan，1996）由渥太华市及国家首都委员会（NCC）共同进行规划与实施。开放空间主要分为绿带及公园道走廊两部分。虽然绿色空间并没有阻止城市在其边界地区的增长，但开放空间提供了城市居民接近自然的机会，并在一定程度上发挥了保护自然生态环境的功能，同时奠定了渥太华的城市空间结构。“渥太华市中心城市设计策略 2020”重视小型城市公园的作用，倡导建设不同大小和类型的公园，包括城市小广场、广场和街道口袋公园等。该规划认为规模较小的公园与开放空间创造了比大型开放空间更有意义的、积极的、安全的公园和开放空间机会。2003 年渥太华新一轮官方规划被采纳，成为 2006 年完成的新一轮绿色空间总体规划（Green Spaces Master Plan）的基础，该规划提出开放空间与游憩用地规划方案、绿色空间网络的规划方案及绿色空间网络多用途路径的空间规划等，用以指导目前的开放空间规划建设，实现了生态保护与休闲游憩功能的提升。

13.4 小结

从国际经验可以看出，其城市开放空间规划是：① 理性的，标准的使用减少了不确定性，并提供了制定未来战略选择的过程；② 较全面的，它遵循静态线性的逻辑过程，并且考虑多种可能的替代方法；③ 未来导向的，是保护供未来使用的开放空间的一种有效方式；④ 关注公众利益，根植于公园与开放空间是为人服务的思想，在保护自然环境的同时满足休闲娱乐的需求；⑤ 具有环境确定性，提供开放空间被认为将会改善自然环境与社区生活环境。

总体而言，国际开放空间规划案例多以政策规划为主，辅以空间规划。我国部分城市和地区也相继编制了不同形式的开放空间规划，多以物质空间规划为主，规划政策和相应实施策略等为辅。

第14章

结　语

公共服务既不是慈善事业,也不是特权,而是社会所有成员的权利。开放空间不仅是城市生态和景观系统的重要组成部分,也是城市公共服务设施的重要内容,是满足城市居民游憩需求,提供休闲、游憩、锻炼、交往及举办各种文化活动的场所。

以北美为主的国际城市开放空间规划历程、编制体系、规划控制、规划标准、供给模式及规划方法等为构建我国开放空间规划体系提供了有益的借鉴。其中定量方法与标准设置是满足居民基本要求及开放空间基本品质的保障;定性方法提供了解释的艺术,不依赖高深理论的解释,也很少借助复杂的模型,而是通过对城市社会和城市性质的多元化和同步性的理解,对与开放空间相关的实际问题进行普适性的描述,以提高生活质量和社会福利。

随着我国城市化进程加快,完善开放空间系统及提升开放空间品质成为促进我国新型城镇化及实现以人为本规划目标的重要命题之一。借鉴定性与定量的方法,本书提出建立多层次的政策法规框架、确立功能并举的规划目标、定性定量相结合的规划方法、构建系统性的规划编制体系及完善开放空间公共财政与管理体系等建议。

城市化进程的加快伴随着前所未有的社区分异与隔离,社会弱势群体对公共开放空间往往有更高需求。因此,在开放空间总量和空间均等可达满足要求的同时,还应考虑开放空间与城市人口分布的关系,向特定社区和社会弱势群体倾斜,以保证社会公平与公正。在兼顾公平和效率的同时,用有限的资源最大限度地为更多人群及更需要的人群服务将是开放空间规划的重要内容。当然公平与公正是相对主观的概念,其界定取决于不同的价值理念或多元解释。

如果说城市让生活更美好,那么开放空间提供了一个留在城市生活的理由,开放空间中的休闲娱乐活动提供了在纷繁复杂的城市环境中喘息的机会。从人文主义观点出发,休闲本身就是一个终极目标,是对所有生活的态度。如果将休闲娱乐作为开放空间的终极目标,那么规划者关注的就不仅仅是点缀整个城市的公园或绿色空间等,更重要的是将开放空间作为提供一系列休闲娱乐体验机会的重要手段。

参 考 文 献

Chris, W. 2008. 产权、公共空间和城市设计. 国际城市规划, 23(6)：3 - 12.

陈渝. 2013. 城市游憩空间的发展历程及类型. 园林风景论坛, 2：69 - 72.

陈竹, 叶珉. 2009. 什么是真正的公共空间——西方城市公共空间理论与空间公共性的判定. 国际城市
  规划, 24(3)：44 - 53.

陈竹, 叶珉. 2009. 西方城市公共空间理论——探索全面的公共空间理论. 城市规划, 6：59 - 65.

代伟国, 邢忠. 2010. 转型时期城市公共空间规划与建设策略. 现代城市研究, 25(11)：12 - 22.

方家, 吴承照. 2012. 美国城市开放空间规划方法的研究进展探析. 中国园林, 11：62 - 67.

方家, 吴承照. 2015. 美国城市开放空间规划的内容和案例解析. 城市规划, 39(5)：76 - 82.

付磊, 唐子来. 2008. 上海市外来人口社会空间结构演化的特征与趋势. 城市规划学刊, 1：69 - 76.

高军波, 周春山, 叶昌东. 2010. 广州城市公共服务设施分布的空间公平研究. 规划师, 4(26)：12 - 18.

苟爱萍, 王江波. 2011. 基于 SD 法的街道空间活力评价研究. 规划师, 10(2)：102 - 107.

黄赛, 戴胤. 2014. 美国城市开放空间中公共参与方式的实现. 城市建筑, 4(2)：16.

江海燕, 周春山, 高军波. 2011. 西方城市公共服务空间分布的公平性研究进展. 城市规划, 35(7)：
  72 - 77.

江海燕, 周春山, 肖荣波. 2010. 广州公园绿地的空间差异及社会公平研究. 城市规划, 34(4)：43 - 48.

江海燕, 周春山. 2010. 国外城市公园绿地的社会分异研究. 城市问题, 4：84 - 88.

李小马, 刘常副. 2009. 基于网络分析的沈阳城市公园可达性和服务. 生态学报, 29(3)：1555 - 1563.

李咏华, 王纪武, 王竹. 2011. 北美线性开放空间规划与管理经验探讨. 国际城市规划, 26(4)：85 - 90.

李云, 杨晓春. 2007. 对公共开放空间量化评价体系的实证探索——基于深圳特区公共开放空间系统的
  建立. 现代城市研究, 2：15 - 22.

李云. 2013. 小城镇公共空间建设研究. 保定：河北农业大学.

林荟. 2011. 美国区划发展及对我国城市公共开放空间保护的借鉴. 绿色科技, 4：137 - 139.

凌自苇, 曾辉. 2014. 不同级别居住区的公园可达性——以深圳市宝安区为例. 中国园林, 8：59 - 62.

刘滨谊, 余畅. 2001. 美国绿道网络规划的发展与启示. 中国园林, 17(6)：77 - 81.

刘琼. 2013. 中美国家公园管理体制比较研究. 长沙：中南林业科技大学.

刘怡. 2010. 新加坡公共空间的适应性设计. 华中建筑, 28(7)：56 - 58.

马库斯. 2001. 人性场所：城市开放空间设计导则. 北京：中国建筑工业出版社.

马琳,陆玉麒.2011.基于路网结构的城市绿地可达性研究——以南京市主城区公园绿地为例.中国园林,7:92-96.

妮古拉·加莫里.2007.城市开放空间设计.北京:中国建筑工业出版社.

任晋锋.2003.美国城市公园和开放空间发展策略及其对我国的借鉴.中国园林,11:46-49.

邵大伟,张小林,吴殿鸣.2011.国外开放空间研究的近今进展及启示.中国园林,1:83-87.

宋劲松,温莉.2012.珠江三角洲绿道网规划建设方法.城市发展研究,19(2):7-12.

宋小冬,陈晨,周静,翟永磊,李书杰.2014.城市中小学布局规划方法的探索与改进.城市规划,38(8):48-56.

孙施文.1999.美国的城市规划体系.城市规划,23(7):1-4.

汤普森.2011.开放空间:人性化空间.北京:中国建筑工业出版社.

唐子来,顾姝.2015.上海市中心城区公共绿地分布的社会绩效评价:从地域公平到社会公平.城市规划学刊,2:48-57.

唐子来,顾姝.2016.再议上海市中心城区公共绿地分布的社会绩效评价:从社会公平到社会正义.城市规划学刊,1:15-21.

王保忠,安树青,宋福强,张智俊,李明阳.2005.美国绿色空间理论、实践及启示.人文地理,20(5):32-36.

王洪涛.2003.德国城市开放空间规划的规划思想和规划程序.城市规划,27(1):64-71.

王茜.2015.区域公共休闲体育设施分布的空间公平性研究——以苏锡常地区为例.湖北体育科技,3:208-210.

王腾飞.2013.生态城街区尺度公共开放空间规划控制策略研究——以中新天津生态城为例.天津:天津大学.

王颖.2002.上海城市社区实证研究——社区类型、区位结构及变化趋势.城市规划汇刊,6:33-40.

王佐.2008.荷兰开放空间系统性规划思想及启示.规划师,24(11):90-93.

魏冶,修春亮,高瑞,等.2014.基于高斯两步移动搜索法的沈阳市绿地可达性评价.地理科学进展,33(4):479-487.

吴承照,方家.2009.美国城市自然保护与开放空间的历史演变.2009中国城市规划年会,天津.

吴庆华.2011.城市空间类隔离:基于住房视角的转型社会分析.长春:吉林大学.

吴伟,付喜娥.2010.城市开放空间经济价值评估方法研究——假设评估法.国际城市规划,25(6):79-82.

吴伟,杨继梅.2007.1980年代以来国外开放空间价值评估综述.城市规划,31(6):45-51.

伍学进.2013.城市社区公共空间宜居性研究.北京:科学出版社.

奚东帆.2012.城市地下公共空间规划研究.上海城市规划,2:106-111.

肖扬,Chiaradia,A.,宋小冬.2014.空间句法在城市规划中应用的局限性及改善和扩展途径.城市规划学刊,5:32-38.

燕雁.2014.基于国际经验借鉴的上海市总体层面公共开放空间规划探索.上海城市规划,4:114-119.

杨上广.2005.大城市社会空间结构演变研究——以上海市为例.城市规划学刊,5:17-22.

杨新海,缪诚.2015.基于公私合作理念的开发区工业地块更新模式研究.国际城市规划,30(5)：10-15.

杨震,徐苗.2008.西方视角的中国城市公共空间研究.国际城市规划,23(4)：35-40.

杨震,徐苗.2011.消费时代城市公共空间的特点及其理论批判.城市规划学刊,3：87-95.

杨震,徐苗.2013.私人拥有的公共空间的演变与批判：纽约经验.建筑学报,6：1-7.

尹海伟,孔繁花,宗跃光.2008.城市绿地可达性与公平性评价.生态学报,28(7):3375-3383.

尹海伟,徐建刚.2009.上海公园空间可达性与公平性分析.城市发展研究,16(6):71-76.

张纯,柴彦威.2009.中国城市单位社区的残留现象及其影响因素.国际城市规划,24(5):15-19.

张帆,邱冰.2014.国内开放空间研究进展分析——以1996—2012年CNKI"篇名"含"开放(敞)空间"的文献为分析对象.现代城市研究,3：114-120.

张帆.2012.城市更新的"进行性"规划方法研究.城市规划学刊,5：99-104.

张帆,邱冰,万长江.2014.城市开放空间满意度的影响因子研究——以南京主城区为分析对象.现代城市研究,8：49-55.

张虹鸥,岑倩华.2007.国外城市开放空间的研究进展.城市规划学刊,5：78-84.

张金泉.2006.国家公园运作的经济学分析.成都：四川大学.

张京祥,李志刚.2004.开敞空间的社会文化含义：欧洲城市的演变与新要求.国外城市规划,1：24-27.

张景秋,曹静怡,陈雪漪.2007.北京中心城区公共开敞空间社会分异研究.规划师,25(4)：27-30.

张坤.2013.欧洲城市河流与开放空间耦合关系研究——以英国伦敦、德国埃姆舍地区公园为例.城市规划,37(6)：76-80.

张天洁,李泽.2013.高密度城市的多目标绿道网络宰——新加坡公园连接道系统.城市规划,37(5)：67-73.

章旭健.2016.城市开放空间规划布局方法论述.浙江师范大学学报,1：96-100.

赵蔚.2001.城市公共空间的分层规划控制.现代城市研究,5：8-10.

周进.2005.城市公共空间建设的规划控制与引导——塑造高品质城市公共空间的研究.北京：中国建筑工业出版社.

朱江,尹向东,周健.2012.构建与法定规划体系相衔接的绿道规划体系.现代城市研究,3：13-23.

朱跃华,姚亦锋,周章.2006.巴塞罗那公共空间改造及对我国的启示.现代城市研究,21(4)：4-8.

Abercrombie, L C, Sallis, J F, Conway, T L, Frank, et al. 2008. Income and racial disparities in access to public parks and private recreation facilities. American Journal of Preventive Medicine, 34(1)：9-15.

Aldous, D. 2010. Green cities in Australia: adopting an national outlook to green open space planning. Australasian Parks and Leisure.

Altrock U, Schoon S. 2014. Maturing megacities: the Pearl River Delta in progressive transformation. Springer.

American Society of Planning Officials. 1965. Standards for outdoor recreational areas.

Aurelia B M. 2003. A hedonic valuation of urban green areas. Landscape and Urban Planning, 66: 35 – 41.

Austin G. 2014. Green infrastructure for landscape planning: integrating human and natural systems. London & New York: Routledge.

Barbosa O, Tratalos J A, Armsworth P R, et al. 2007. Who benefits from access to green space? a case study from Sheffield, UK. Landscape and Urban Planning, 83: 187 – 195.

Barton J, Pretty J. 2010. What is the best dose of nature and green exercisefor improving mental health? a multi-study analysis. Environmental Science and Technology, 44(10): 3947 – 3955.

Bengston D N, Fletcher J O, Nelson K C. 2004. Public policies for managing urban growth and protecting open space: policy instruments and lessons learned in the United States. Landscape and Urban Planning, 69: 271 – 286.

Boone C G, Buckley G L, Grove J M, et al. 2009. Parks and people: an environmental justice inquiry in Baltimore, Maryland. Annals of the Association of American Geographers, 99(4): 767 – 787.

Moga S T. 2009. Marginal lands and suburban nature: open space planning and the case of the 1893 Boston Metropolitan Parks Plan. Journal of Planning History, 8(4): 308 – 329.

Burton T, Welsh T, Curtis R. 2010. The role of recreation, parks and open space in regional planning. Government of Alberta.

Byers J. 1998. The privatization of downtown public space: the emerging grade-separated city in North America. Journal of Planning Education and Research, 17: 189 – 205.

Chiesura A. 2004. The role of urban parks for the sustainable city. Landscape and Urban Planning, 68(1): 129 – 138.

Choumert J, Salanié J. 2008. Provision of urban green spaces: some insights from economics. Landscape Research, 33(3): 331 – 345.

Church R L, Marston J R. 2003. Measuring accessibility for people with a disability. Geographical Analysis, 35(1): 83 – 96.

City of Boston. 2015. Open Space Plan 2015 – 2021.

City of Miami Planning Department. 2013. Miami Comprehensive Neighborhood Plan.

City of Ottawa. 2006. Greenspace Master Plan: Strategies for Ottawa's Urban Greenspaces.

City Services. 2013. Ottawa Cycling Plan.

Clawson M. 1969. Open space as a new urban resource. Economics of Outdoor Recreation (Perloff, J. L. Knetsch, eds.). Baltimore: Johns Hopkins Press.

Comber A, Brunsdon C, Green E. 2008. Using a GIS – based network analysis to determine urban greenspace accessibility for different ethnic and religious groups. Landscape & Urban Planning, 86(1): 103 – 114.

Commonwealth of Massachusetts. Open Space and Recreation Plan Requirements.

Crawford D, Timperio A, Giles-Corti B, et al. 2008. Do features of public open spaces vary according to neighbourhood socio-economic status? Health and Place, 14(4): 889 – 893.

Crompton J L. 2007. The role of the proximate principle in the emergence of urban parks in the United Kingdom and in the United States. Leisure Studies, 26(2): 213 – 234.

Cuomo A M. 2004. Local open space planning guide. NYS Department of Environmental Conservation.

Cuomo A M. 2014. Draft New York State Open Space Conservation Plan. The Department of Environmental Conservation. The Office of Parks, Recreation and Historic Preservation.

Curran W, Hamilton T. 2012. Just green enough: contesting environmental gentrification in Greenpoint, Brooklyn. Local Environment, 17(9): 1027 – 1042.

Dahmann N, Wolch J, Joassart-Marcelli P, et al. 2010. The active city? disparities in provision of urban public recreation resources. Health & Place, 16(3): 431 – 445.

Dai D. 2011. Racial/ethnic and socioeconomic disparities in urban green space accessibility: where to intervene? Landscape and Urban Planning, 102: 234 – 244.

Delbosc A, Currie G. 2011. Using Lorenz curves to assess public transport equity. Journal of Transport Geography, 19(6): 1252 – 1259.

Delmelle E, Thill J C, Furuseth O. et al. 2013. Trajectories of multidimensional neighbourhood quality of life change. Urban Studies, 50(5): 923 – 941.

China Climate Change Info-Net. 2016. Department of Climate Change National Development and Reform Commission.

Dony C C, Delmelle E M, Delmelle E C. 2015. Re-conceptualizing accessibility to parks in multi-modal cities: a variable-width floating catchment area (VFCA) method. Landscape and Urban Planning, 143: 90 – 99.

Erickson D. 2004. The relationship of historic city form and contemporary greenway implementation: a comparison of Milwaukee, Wisconsin (USA) and Ottawa, Ontario (Canada). Landscape and Urban Planning, 68(2): 199 – 221.

Erickson D. 2006. MetroGreen: connecting open space in North American Cities. Washington. DC: Island Press.

Escobedo F J. , Kroeger T, Wagner J E. 2011. Urban forests and pollution mitigation: analyzing ecosystem services and disservices. Environmental Pollution, 159(8): 2078 – 2087.

Estabrooks P A, Lee R E, Gyurcsik N C. 2003. Resources for physical activity participation: does availability and accessibility differ by neighborhood socioeconomic status? Annals of Behavioral Medicine, 25: 100 – 104.

Evans C, Freestone R. 2010. From green belt to green web: regional open space planning in Sydney, 1948 – 1963. Planning, Practice & Research, 25(2): 223 – 240.

Evergreen. 2002. Green space acquisition and stewardship in Canada's Urban Municipalities: Results of a National Survey.

Farhan B, Murray A T. 2006. Distance decay and coverage in facility location planning. The Annals of Regional Science, 40(2): 279 – 295.

Flowerdew R. 2011. How serious is the modifiable areal unit problem for analysis of English census data? Population Trends, 145: 1 – 13.

Friedmann J. 2007. Reflections on place and place-making in the cities of China. International Journal of Urban and Regional Research, 31(2): 257 – 279.

Fuller R A, Gaston K J. 2009. The scaling of green space coverage in European cities. Biol. Lett. , 5: 352 – 355.

Garvin A. 2011. Public parks: the key to livable communities. New York: W. W. Norton & Company.

Gebhardt A. 2010. Parks and recreation master plans in Ontario: determining factors that lead to implementation. Recreation and Leisure Studies, University of Waterloo.

Giles-Corti B, Broomhall M H, Knuiman M, Collins, et al. 2005. Increasing walking: how important is distance to attractiveness, and size of public open space? American Journal of Preventive Medicine, 28(2S2): 169 – 176.

Gobster P H. 2002. Managing urban parks for a racially and ethnically diverse clientele. Leisure Sciences, 24(2): 143 – 159.

Gold S M. 1973. Urban recreation planning. Philadelphia: Lea and Febiger.

Gold S M. 1983. A human service approach to recreation planning. Journal of Park and Recreation Administration: 27 – 37.

Golicnik B, Thompsonb C W. 2010. Emerging relationships between design and use of urban park spaces. Landscape and Urban Planning, 94(1): 38 – 53.

Grobelsek L J. 2012. Private space open to the public as an addition to the urban public space network. Urbani izziv, 23(1): 101 – 111.

Hansen W G. 1959. How accessibility shapes land use. Journal of the American Institute of Planners, 25: 73 – 76.

Heynen N, Perkins H A, Roy P. 2006. The political ecology of uneven urban green space. The impact of political economy on race and ethnicity in producing environmental inequality in milwaukee. Urban Affairs Review, 42(1): 3 – 25.

Hill M, Alterman R. 1977. Standards for Allocating Land to Public Services. Phase A. Open Spaces. Technion Israel Institute of Technology, Center for Urban and Regional Research.

Hongou Z, Qianhua C 2007. A study summary of urban open space abroad. Urban Planning Forum, 5: 78 – 84.

Ignatieva M, Stewart G H, Meurk C. 2011. Planning and design of ecological networks in urban Areas. Landscape Ecol Eng, 7: 17 – 25.

Jennings V, Johnson-Gaither C, Gragg R S. 2012. Promoting environment a justice through urban green space access: a synopsis. Environmental Justice, 5(1): 1 – 7.

Johnson-Gaither C. 2011. Latino park access: examining environmental equity in a "New Destination" county in the south. Journal of Park and Recreation Administration, 29(4): 37 – 52.

Kelly E D. 1993. Managing community growth: policies, techniques, and impacts. Westport: Praeger Publishers.

King K E, Clarke P J. 2015. A disadvantaged advantage in walkability: findings from socioeconomic and geographical analysis of national built environment data in the United States. Am J Epidemiol, 181(1): 17 – 25.

Koohsari M J, Kaczynski A T, Giles-Corti B, et al. 2013. Effects of access to public open spaces on walking: is proximity enough? Landscape and Urban Planning, 117(3): 92 – 99.

Koohsari M J, Karakiewicz J A, Kaczynski A T. 2012. Public open space and walking: the role of proximity, perceptual qualities of the surrounding built environment, and street configuration. Environment and Behavior, 45(6): 706 – 736.

Koomen E, Dekkers J, Dijk T V. 2008. Open-space preservation in the netherlands: planning, practice and prospects. Land Use Policy, 25: 361 – 377.

Kowarik I. 2011. Novel urban ecosystems, biodiversity, and conservation. Environmental Pollution, 159: 1974 – 1983.

Kühn M. 2003. Greenbelt and green heart: separating and integrating landscapes in European city regions. Landscape and Urban Planning, 64: 19 – 27.

William L. 1981. Equity and planning for local services. Journal of the American Planning Association, 47(4): 447 – 457.

Landmarks Preservation Commission. 1978. Eastern Parkway. Landmarks Preservation Commission.

Landscape Architectural Services. 2015. Park and open space development guide 2015. City of Hamilton.

Lara-Valencia F, García-Pérez H. 2015. Space for equity: socioeconomic variations in the provision of public parks in Hermosillo, Mexico. Local Environment, 20(3): 350 – 368.

Lee A, Maheswaran R. 2011. The health benefits of urban green spaces: a review of the evidence. Journal of Public Health, 33(2): 212 – 222.

Lee G, Hong I. 2013. Measuring spatial accessibility in the context of spatial disparity between demand and supply of urban park service. Landscape and Urban Planning, 119(11): 85 – 90.

Legacy C. 2010. Regional planning for open space. Australian Planner, 47(2): 105 – 109.

Leslie E, Cerin E, Kremer P. 2010. Perceived neighborhood environment and park use as mediators of the effect of area socio-economic status on walking behaviors. Journal of Physical Activity and Health, 7(6): 802 – 810.

Li X, Liu C. 2009. Accessibility and service of Shenyang's urban parks by network analysis. Acta Ecologica Sinica, 29(3): 1554 – 1562.

Li Y, Suna X, Zhua X, et al. 2010. An early warning method of landscape ecological security in rapid urbanizing coastal areas and its application in Xiamen, China. Ecological Modelling, 221 (19): 2551 - 2260.

Lindsey G, Maraj M, Kuan S C. 2001. Access, equity, and urban greenways: an exploratory investigation. Professional Geographer, 55(3): 332 - 346.

Little C E. 1990. Greenways for America. Johns Hopkins University Press.

Löörzing H. 1998. Design of urban open spaces: bringing a piece of landscape into the city. Proceedings of the European Council of Landscape Architecture Schools Conference. Vienna, Austria.

Loukaitou-Sideris A. 1993. Privatisation of public open space: the Los Angeles experience. The Town Planning Review, 64(2): 139 - 167.

Loukaitou-Sideris A. 1995. Urban form and social context: cultural differentiation in the uses of urban parks. Journal of Planning Education and Research, 14(2): 89 - 102.

Louv R. 2005. Last child in the woods: saving our children from nature-deficit disorder. Chapel Hill, NC: Algonquin Books.

Lucy W. 1981. Equity and planning for local services. Journal of the American Planning Association, 47(4): 447 - 457.

Luo W, Qi Y. 2009. An enhanced two-step floating catchment area (E2SFCA) method for measuring spatial accessibility to primary care physicians. Heath & Place, 15(4): 1100 - 1107.

Maruani T, Amit-Cohen I. 2007. Open space planning models: a review of approaches and methods. Landscape and Urban Planning, 81(1): 1 - 13.

McAllister M D. 1976. Equity and efficiency in public facility location. Geograph Analysis, 8: 47 - 63.

Commonwealth of Massachusetts. 2008. Open Space and Recreation Planner's Workbook.

McCormack G R, Rock M, Toohey A, et al. 2010. Characteristics of urban parks associated with park use and physical activity: a review of qualitative research. Health and Place, 16(4): 712 - 726.

Merrill S B. 2004. The role of open space in urban planning. Conservation Biology, 18(2): 294.

Mertes J D, Hall J R. 1995. Park, recreation, open space and greenway guidelines. National Recreation and Park Association.

Ministry of Culture and Recreation Sports and Fitness Division, Ontario. Guidelines for Developing Public Recreation Facility Standards.

Ministry of Municipal Affairs and Housing. 2015. The Green Belt Plan, Ontario.

Miyake K K, Maroko A R, Grady K L, et al. 2010. Not just a walk in the park: methodological improvements for determining environmental justice implications of park access in New York City for the promotion of physical activity. Cities and the Environment, 3(1): 1 - 17.

Moga S T. 2009. Marginal lands and suburban nature: open space planning and the case of the 1893 Boston Metropolitan Parks Plan. Journal of Planning History, 8(4): 308 - 329.

Moore L V, Diez Roux A V, Evenson K R, et al. 2008. Availability of recreational resources in minority and low socioeconomic status areas. American Journal of Preventive Medicine, 34 (1): 16 - 22.

Morancho A B. 2003. A hedonic valuation of urban green area. Landscape & Urban Planning, 66(1): 35 - 41.

Morrill R L. 1974. Efficiency and equity of optimum location models. Antipode, 6(1): 41 - 46.

Nadal L. 2000. Discourses of urban public space usa 1960 - 1995 a historical critique. New York: Columbia University.

Nasution A D, Zahrah W. 2012. Public open space privatization and quality of life, case study merdeka square medan. Procedia-Social and Behavioral Sciences, 36(6): 466 - 475.

New South Wales Government. 2010. Recreation and open space planning guidelines for local government.

Nicholls S. 2001. Measuring the accessibility and equity of public parks: a case study using GIS. Managing Leisure, 6(4): 209 - 219.

North Ireland. An Agency within the Department of the Environment. 2004. Planning Policy Statement 8 (PPS 8): Open Space, Sport and Outdoor Recreation.

Nowak D J, Crane D E, Stevens J C. 2006. Air pollution removal by urban trees and shrubs in the United States. Urban Forestry & Urban Greening, 4(3): 115 - 123.

Ontario Ministry of Natural Resources. 2014. Ontario protected areas planning manual. Peterborough: Queens Printer for Ontario.

Parkland County, Alberta. 2009. Recreation, parks and open space master plan, parkland county, Alberta.

Parks & Recreation Department and Planning Department, The City of Miami. 2007. Miami parks and public spaces master plan.

Parks, Forestry and Recreation. 2013. Parks Plan 2013 - 2017, Toronto.

Parks S E, Housemann R A, Brownson R C. 2003. Differential correlates of physical activity in urban and rural adults of various socioeconomic backgrounds in the United States. Journal of Epidemiology and Community Health, 57(1): 29 - 35.

Payne K. 2002. Graph theory and open-space network design. Landscape Research, 27(2): 167 - 179.

Páez A, Scott D M, Morency C. 2012. Measuring accessibility: positive and normative implementations of various accessibility indicators. Journal of Transport Geography, 25(9): 141 - 153.

Public Open Space in Residential Areas, Policy No. DC. 2002. Western Australian Planning Commission.

Queensland Government. 2009. South East Queensland Regional Plan 2009 - 2031.

Radke J, Mu L. 2000. Spatial decompositions, modeling and mapping service regions to predict access to social programs. Geographic Information Sciences, 6(2): 105 - 112.

Reyes M, Páez A, Morency C. 2014. Walking accessibility to urban parks by children: a case study of

Montreal. Landscape and Urban Planning, 125: 38 - 47.

Rivasplata A, McKenzie G. 1998. State of California general plan guidelines. Governor's Office of Planning and Research.

Rosa D L. 2014. Accessibility to greenspaces: GIS based indicators for sustainable planning in a dense urban context. Ecological Indicators, 42(7): 122 - 134.

San Francisco Planning Department. 2014. An element of the San Francisco general plan-recreation &. open space.

Schmidt S J. 2008. The evolving relationship between open space preservation and local planning practice. Journal of Planning History, 7(2): 91 - 112.

Schöbel S. 2006. Qualitative research as a perspective for urban open space planning. Journal of Landscape Architecture, 1(1): 38 - 48.

Schwanen T, Páez A. 2010. The mobility of older people - an introduction. Journal of Transport Geography, 18(5): 591 - 595.

Shanahan D F, Lin B B, Gaston K J, et al. 2014. Socio-economic inequalities in access to nature on public and private lands: a case study from Brisbane, Australia. Landscape and Urban Planning, 130(1): 14 - 23.

Shiels G. 1989. More quality, less quantity in open space planning. Australian Parks and Recreation.

Shin D, Lee K. 2005. Use of remote sensing and geographical information systems to estimate green space surface-temperature change as a result of urban expansion. Landscape and Ecological Engineering, 1: 169 - 176.

Simpson A E. 1969. Park standards for australia. Australian Parks.

Sister C, Wolch J, Wilson J. 2010. Got green? addressing environmental justice in park provision. GeoJournal, 75(3): 229 - 248.

Smith S L J. 1983. Recreation geography. Longman.

Smoker-Tomic K E, Hewko J N, Hodgson M J. 2004. Spatial accessibility and equity of playgrounds in Edmonton, Canada. Canadian Geographer, 48(3): 287 - 302.

Strong A L. 1965. Open space for Urban America. Washington D. C: Urban Renewal Administration.

Su J G, Jerrett M, de Nazelle A, et al. 2011. Does exposure to air pollutionin urban parks have socioeconomic, racial or ethnic gradients? Environmental Research, 111(3): 319 - 328.

Symons J G. 1971. Some comments on equity and efficiency in public facility location models. Antipode, 3(1): 54 - 67.

Tajima K. 2003. New estimates of the demand for urban green space: implications for valuing the environmental benefits of Boston's Big Dig Project. Journal of Urban Affairs, 25(5): 641 - 655.

Talen E, Anselin L. 1998. Assessing spatial equity: an evaluation of measures of accessibility to public playgrounds. Environment and Planning A, 30(4): 595 - 613.

Talen E. 1997. The social equity of urban service distribution: an exploration of park access in Pueblo,

Colorado, and Macon, Georgia. Urban Geography, 18(6): 521-541.

Talen E. 2003. Neighborhoods as service providers: a methodology for evaluating pedestrian access. Environment and Planning B: Planning and Design, 30(2): 181-200.

Tang B, Wong S. 2008. A longitudinal study of open space zoning and development in Hong Kong. Landscape and Urban Planning, 87(4): 258-268.

Tankel S. 1960. The importance of open space in the urban pattern//cities and space: the future use of urban land (L. Wingo, ed.). Baltimore Johns Hopkins University Press.

Teal M, Huang C S, Rodiek J. 1998. Open space planning for travis country, Austin.

Texas: a collaborative design. Landscape and Urban Planning, 42, 259-268.

The California Department of Parks and Recreation. 2015. Meeting the park needs of all Californians-2015 statewide comprehensive outdoor recreation plan.

The City of Miami. 2007. Miami parks and public spaces master plan. parks & recreation department and planning department.

The City of New York. 2014. PLaNYC, progress report.

The City of New York. 2011. PLaNYC: a greener greater New York.

The Trust for Public Land. 2012. 2012 city park Facts.

Theobald W. 1984. A history of recreation resource planning: the origins of space standards. Leisure Studies, 3(2): 189-200.

Thompson C W. 2002. Urban open space in the 21st century. Landscape and Urban Planning, 60(2): 59-72.

Timperio A, Ball K, Salmon J, et al. 2007. Is availability of public open space equitable across areas? Health and Place, 13(2): 335-340.

Town of Southborough. 2011. Metro west regional open space connectivity plan.

Tsou K W, Hung Y T, Chang Y L. 2005. An accessibility-based integrated measure of relative spatial equity in urban public facilities. Cities, 22(6): 425-435.

Turner T. 1987. Landscape planning. London: Hutchinson Education.

Turner T. 1992. Open space planning in london. Periodicals Archive Online, 63(4): 365-386.

Tzoulas K, Korpela K, Venn S, et al. 2007. Promoting ecosystem and human health in urban areas using green infrastructure: a literature review. Landscape and Urban Planning, 81(3): 167-178.

Vasilevska L, Vranic P, Marinkovic A. 2014. The effects of changes to the post-socialist urban planning framework on public open spaces in multi-story housing areas: a view from Nis, Serbia. Cities, 36: 83-92.

Vaughan K B, Kaczynski A T, Stanis S A W, et al. 2013. Exploring the distribution of park availability, features, and quality across Kansas City, Missouri by income and race/ethnicity: an environmental justice investigation. Annals of Behavioral Medicine, 45(1): 28-38.

Veal A J. 2012. FIT for the purpose? open space planning standards in britain. Journal of Policy

Research in Tourism, Leisure and Events, 4(3): 375 – 379.

Veal A J. 2012. Open space planning standards in Australia: in search of origins. Australian Planner, 50(3): 224 – 232.

Veitch J, Salmon J, Ball K, et al. 2013. Do features of public open spaces vary between urban and rural areas? Preventive Medicine, 56(2): 107 – 111.

Wang D, Brown G, Zhong G, et al. 2015. Factors influencing perceived access to urban parks: a comparative study of Brisbane (Australia) and Zhongshan (China). Habitat International, 50: 335 – 346.

Wei F, Knox P. 2014. Neighborhood change in Metropolitan America, 1990 to 2010. Urban Affairs Review, 50(4): 459 – 489.

Wei F, Knox P. 2015. Spatial transformation of metropolitan cities. Environment and Planning A, 47: 50 – 68.

Weiguo D, Zhong X. 2010. The urban public space planning and construction strategy in the Era of social transformation. Modern Urban Research, 25(11): 12 – 22.

Wendel H E W, Zarger R K, Mihelcic J R. 2012. Accessibility and usability: green space preferences, perceptions, and barriers in a rapidly urbanizing city in Latin America. Landscape & Urban Planning, 107: 272 – 282.

Wilkinson P F. 1983. Urban open space planning. Toronto: York University.

Wilkinson P F. 1985. The golden fleece: the search for standards. Leisure Studies, 4(2): 189 – 204.

Wolch J R, Byrne J, Newell J P. 2014. Urban green space, public health, and environmental justice: the challenge of making cities "just green enough". Landscape and Urban Planning, 125: 234 – 244.

Wolch J, Wilson J, Fehrenbach J. 2005. Parks and parks funding in Los Angeles: an equity mapping analysis. Urban Geography, 26(1): 4 – 35.

Wu J. 2014. Public open-space conservation under a budget constraint. Journal of Public Economics, 111: 96 – 101.

Wu J, Plantinga A J. 2003. The influence of public open space on urban spatial structure. Journal of Environmental Economics and Management, 46(2): 288 – 309.

Yang J, McBride J, Zhou J, et al. 2005. The urban forest in Beijing and its role in air pollution reduction. Urban Forestry & Urban Greening, 3(2): 65 – 78.

Zhang X, Lu H, Holt J B. 2011. Modeling spatial accessibility to parks: a national study. International Journal of Health Geographics, 10(31): 1 – 14.

Zhou X, Kim J. 2013. Social disparities in tree canopy and park accessibility: a case study of six cities in illinois using GIS and remote sensing. Urban Forestry & Urban Greening, 12: 88 – 97.

致　　谢

　　本书是国家自然科学基金、中央高校基本科研业务费专项资金等科研课题,以及杭州市规划局研究课题的部分研究成果。在研究期间,来自各方不同形式的帮助和支持使得本书得以顺利完成。在本书即将付梓之际,特向曾经给予过支持和帮助的部门和个人表示由衷的感谢。

　　感谢国家自然科学基金及中央高校基本科研业务费专项基金的资助;在研究期间得到杭州市规划局、杭州市规划局拱墅分局、杭州市园林文物局、杭州市上城区、下城区、拱墅区、西湖区、江干区等统计局有关部门的大力支持。

　　感谢保罗·诺克斯(Paul Knox)教授及吴志强教授两位导师一如既往的帮助和支持;感谢浙江大学李王鸣教授、华晨教授、王竹教授、吴越教授、葛坚教授、韩昊英教授、胡晓鸣副教授、陈秋晓副教授、李咏华副教授、葛丹东副教授、曹康副教授、裘知副教授、张汛瀚老师等在课题研究期间给予的帮助和支持;感谢加拿大渥太华大学曹沪华教授及多伦多大学 André Sorensen 教授曾经给予的帮助;感谢王怡斐在数据分析和成图等过程中所做的贡献。

　　感谢家人在成书期间给予的关心,感谢爱子家蔚在研究期间带给我的快乐和理解。